青春里，我们用梦想雕刻时光

章中林 编著

U0820416

南京出版传媒集团
南京出版社

图书在版编目（CIP）数据

青春里，我们用梦想雕刻时光 / 章中林编著.—南京：南京出版社，2018.1

ISBN 978-7-5533-2039-7

Ⅰ. ①青… Ⅱ. ①章… Ⅲ. ①人生哲学-通俗读物 Ⅳ. ①B821-49

中国版本图书馆CIP数据核字（2017）第292754号

书　　名：青春里，我们用梦想雕刻时光
作　　者：章中林
出版发行：南京出版传媒集团
南 京 出 版 社

社　　址：南京市太平门街53号　**邮　　编**：210016
网　　址：http://www.njcbs.cn　**电子信箱**：njcbs1988@163.com
天猫1店：https://njcbcmjtts.tmall.com/　**天猫2店**：https://nanjingchubanshets.tmall.com/
联系电话：025-83283893、83283864（营销）025-83112257（编务）

出 版 人：朱同芳
出 品 人：卢海鸣
责任编辑：金　欣
装帧设计：周　正
责任印制：杨福彬

策　　划：（www.rzbook.com）
印　　刷：北京佳诚信缘彩印有限公司
开　　本：787毫米×1092毫米　1/32
印　　张：4
字　　数：100千字
版　　次：2018年1月第1版
印　　次：2018年1月第1次印刷
书　　号：ISBN 978-7-5533-2039-7
定　　价：16.80元

营销分类：励志

前言
Foreword

人生因梦想而精彩，生活因努力而完美。梦想始终伴随着我们成长的足迹。“男儿立志出乡关，学不成名誓不还。”梦想就像一粒种子，承载着年少的希冀，青春的热血，老年的回忆。颓废时，梦想给我们勇气；失意时，梦想给我们信心；失败时，梦想给我们力量……人生有梦不觉寒——有梦想相伴，你就会觉得天宽地阔，月朗气清，哪里都是美的，哪里都是亮的，因为人生有梦才有追求，有追求才有完美。这就像汪国真的诗中吟哦的那样：“岁月的溪水边，捡拾起多少闪亮的诗行，如果你要想念我，就望一望天上那闪烁的繁星，有我寻觅你的目光。”

梦想从来都是丰满的，而现实却始终是骨感的。现实像一堵墙一样横亘在去往梦想的路上，你准备怎样跨越它呢？无论如何，它的实现过程必定是苦乐相随的，有坚持，有放弃；有孤独，有热闹……人生一半是现实一半是梦想，你是否能经受得住痛苦的敲打，坚持的磨砺，孤独的煎熬呢？

梦想的实现从来是一场不见硝烟的战斗，你必须做好决斗的姿态。在拼搏的过程中，你或许会被践踏得体无完肤——被误解，被埋怨，被中伤，被孤立，被攻击……它们就像一支支利箭一样刺向你，让你伤心、沮丧、愤怒、孤独、痛苦……它们就像千百只虫豸噬咬着你。

“谁怕？一蓑烟雨任平生。”面对现实铁青着的脸，我们就应该像苏轼那样，就是摔倒了，也应该笑着爬起来，整理好行囊，重新上阵。梦想就像太阳一样温暖我们的心，梦想就像明灯一样照亮前行的路，梦想就像流水一样洗濯受伤的眼，我们怎么能因为一时的不顺就萌发放弃的念头呢？摔倒一次又有什么关系，再来一次！或许下一次我就能“山重水复疑无路，柳暗花明又一村”了呢。

海明威在《老人与海》中说：“一个人并不是生来就要被打败的，你尽可以消灭他，但就是打不败他。”梦想或许暂时会被现实打败，倒下，但是它却像火苗一样猎猎生风，始终在等待着机会反扑。有时，即便我们说，我坚持不下去了，我放弃了，但是心底却始终跳动着不灭的火苗。绝望的天空下，梦想的火苗还在燃烧，我们火热的心还在跳动——不要放弃，努力争取，这是心底深处发出的最响亮誓言。

不忘初心，与梦想相守，雕刻青春时光，唯有如此，才不枉那似水年华。

目录
Contents

Part 01

以梦为马，静待花开 / 1

坚定梦想不放弃 / 2

人生最重要的一课 / 5

等待梦想花开 / 9

人生从来没有绝境 / 12

逐梦，趁青春年少 / 15

仰望生活 / 19

为今天开心 / 22

生命是一棵树，总会等到梦想抽芽 / 26

幸福在路上 / 29

转个弯遇见阳光 / 32

带着梦想生活 / 35

天越走会越亮 / 38

Part 02

用青春的脚步丈量生命之路 / 41

悦纳陌生的自己 / 42

走自己的路 / 45

时间是一匹马 / 48

美好在路上 / 51

平淡如水水如天 / 54
因性格做出的选择，决定你的命运 / 57
幸福从读懂自己开始 / 60
一分钟温暖一个人 / 63
给自己一片悬崖 / 66
活出你自己 / 69
爱那个站在你身后的人 / 72
做一粒柔沙，磨光青春路上的顽石 / 75
你若退让，便是美好 / 78

Part 03 智慧照亮梦想时光 / 81

抓住机遇，绽放青春 / 82
善待他人就是善待自己 / 85
给别人开一扇窗 / 88
善良是一束光，照亮世界的一角 / 91
生活以痛吻我，我必报之以歌 / 95
你会扫落叶吗 / 98
低处生活的幸福 / 101
用对地方才真聪明 / 104
你也能温暖一座城 / 107
同情，请小心使用 / 110
心存善意，终将成就美好 / 113
别让优势成了你的绊马索 / 116
节制是生命的一场修行 / 119

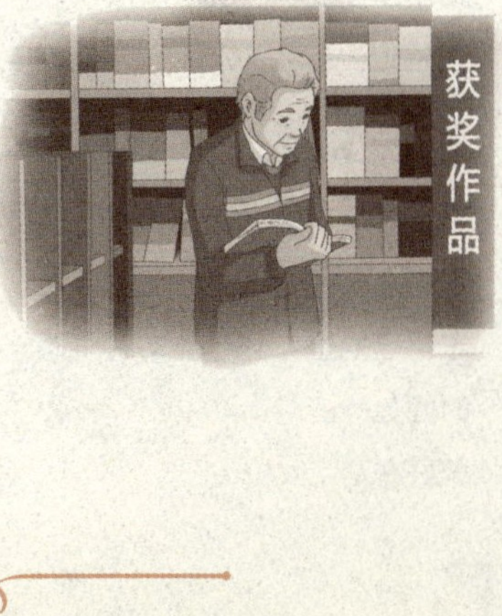

Part 01

以梦为马，静待花开

人生从来不缺少梦想。有了梦想，就有了奋飞的翅膀，我们行在旅途，什么时候都不应该放下它。我们要相信，只要梦想不死，花儿就不会凋零，阳光每天都会光临。

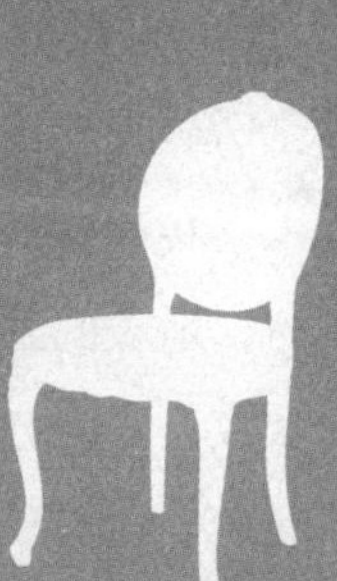

01

坚定梦想不放弃

一个科学考察队在非洲荒漠中考察，他们发现了一种状似石头的植物。那里气候极为恶劣，一年中只有一次极为微弱的降雨，地表沙石遍地，寸草不生。科学家对这种植物的存在大为惊奇。为了验证一下，一位科学家打开水壶，将水灌向植物的根部。瞬间工夫，奇迹出现了，那棵植物发出噼啪的响声，撑开厚实的外壳，抽出一枝淡黄色的茎，笔直地向上，拼命地拔节。它又分出几支细茎，冒出花苞。花苞绽开，竟开出几朵粉红色的花朵。短短的几分钟，就如电视里的快镜头，将美艳绝伦的生命辉煌尽情展现，怎不叫人欢欣鼓舞呢？

我震撼于生命的奇迹，仿佛听到那些散布在广大荒漠上的花儿在无声地呐喊：给我水，我就立即开花。在死寂的荒原，飞沙走石，太阳无情地炙烤，地表的温度很高，鸡蛋埋在沙石中不到半小时就熟了。而状似石头的它裹起厚厚的石头铠甲，默默地抵御着，在痛苦中煎熬，在孤独中积聚，不言放弃，等待那每年仅有一次的雨水光顾，然后自己灿烂绽放。

花儿如此，而我们作为万物之灵的人类呢？当我们面对人生的困境时，交出的答案却是不尽如人意。有的人跌倒之后，就畏缩不前，放弃了爬起的念头；有的人摔跤之后，站在原地，哀叹着不公，等待着上天的恩赐；有的人跌倒又爬起，爬起又跌倒，在不断的坚持中找寻着水，期待着开花。我们知道，有且只有后者才能找到水、开出花的，但是又有多少人能够坚持得下去呢？

罗丹就是这样的一朵花。我们许多人都仰慕于他的伟业，对他顶礼膜拜，可是有多少人知道他成功之前忍受的屈辱和辛酸。他出生于一个贫苦的农民家庭，他酷爱雕塑艺术，心无旁骛地执着于创作。为了生活，他干过建筑装饰，当过见习道士，搞过业余创作。尽管他的作品已经达到了不起的水平，还是没有人赏识他，始终没有人知道他的名字，他唯一能做的是在他人的作坊里出力流汗。那种难以言喻的苦痛是艰辛的、漫长的，但他一直准备着、规划着、积累着、创造着，他在等待梦想之花的绽放。直到他用了一年半的时间创作出《青铜时代》。在《青铜时代》被承认前，如潮水般涌来的还是嘲讽和挖苦，甚至连他的雕塑能力也被怀疑，要求他当面塑像。而他却把这次责难当作一次考试，用自己熟练的技巧征服了世人。罗丹正是凭着“十年磨一剑”的执着，抓住了一次机会，成就了辉煌。

达·芬奇也是这样的一朵花。他幼年丧母，始终怀才不遇，三十五岁之前一直默默无闻，但他从来没有放弃梦想，独守陋室，苦心作画。后来，他得到了一个给圣玛丽亚修道院的一个饭厅画装饰画的机会。这是一件无足轻重的活计，一个普通的三流画家就可以完成，而且似乎也没有必要在一个饭厅的墙壁上下真功夫。但是他却把它当作一次展示自己的机会，倾尽自己所有的才华，日夜在脚手架上作画，耗时七年才完成《最后的晚餐》这张名画。凭着它，素来没有什么名声的达·芬奇声誉鹊起。

人生都避免不了一些挫折和坎坷，那么，我们应如何对待人生的风风雨雨呢?

也许你扬帆于海上，暴风雨骤起，你的小舟随时会被打翻。但是请不要放弃，因为风雨之后，眼前会是“落霞与孤鹜齐飞”的水天一色。

也许你攀登在山峰，磐石横亘前路，你的脚步迟滞。但是请不要放弃，因为跨上磐石，面对的就是“一览众山小”的豁然开朗。

人生悟语

人生总会经历许许多多的起起落落，面对困境不困惑，坚定梦想不放弃，相信这些曲曲折折的经历会使我们的人生丰富而精彩。

人生最重要的一课

人生是一粒出膛的子弹，打出去，不左顾右盼，才能命中靶心。走在路上，风景到处都有，什么都想得到，那么你什么都难得到。这是父亲三十多年前给我上的最重要的一课。

那年，我上高三，但是兴趣却不在学习上。我梦想着像三毛那样浪迹天涯；我梦想着像刘德华那样笑傲江湖；我梦想着像崔健那样摇摆天下……写写小文章，看看刘德华，弹弹破吉他，生活被它们填满了，竟也很美好。这美好没有持续多久，随着高考结束，它也戛然而止了。

回家，正是“双抢”。我被父亲拉到田里去割早稻、插晚稻，到地里去收黄豆、摘棉花。那曾经的美好在现实面前没有了一点存身的地方。每天，被忙碌牵着，被毒日晒着，被汗水灌着，累到脚抬不上床，手举不上头。三毛在哪里，连日记都不知扔到哪里了；刘德华在哪里，连电视都没有，就别奢望了；崔健在哪里，吉他蒙了一层灰都没有时间去打理。我也想去看一看它们，摸一摸它们，但是被生活催逼着，你能有什么

闲情呢？双抢就是抢种抢收，没有劳动哪来生活？父亲的话很少，却砸到了我的心坎上。人只有先活着，才能做梦，否则什么都是空中楼阁。

那天，忙完田里的活儿，父亲又拉着我到地里给棉花打水杈。棉花长得好好的，打什么水杈？看着那些长得明亮亮的，比其他枝丫更高大更骄傲的水杈，我有些不解。父亲没有给我解释，让我自己去看，去想。

水杈和母枝有什么不同？它应该是后长的，不然不可能这样鲜绿；它应该是长得最快的，不然不可能这样高大；它应该是养料吸收最快的，不然不可能这样粗壮……

“嗬，书没白念，也懂得思考和分析了，但是你有没有发现自己忽略了一个细节。”细节？良久，我恍然发现：水杈上虽然也有花蕾，却只有可怜的一两个，而母枝上却是逢节就开花打蕾的。

“眼神不错。面对这样的情况，你觉得我们应该怎样去选择呢？是把它们都保留着，还是剪除水杈呢？都留着，棉花吸收的营养只有那么多，势必要影响棉花的收成；但是只要剪除了水杈，我们就能保证把营养集中到母枝上，这样就能开最多的花，收最多的花。我想，没有人糊涂到连这样的选择都不知道吧。”

父亲望了望我，意味深长地说：“人生也和种棉花一样。没有选择就没有人生，我们必须要做出选择。人的精力毕竟有限，我们必须要想清楚自己最需要的是什么，最希望达到的目的是什么。你要想让自己这粒子弹能准确击中靶心，就只能剪除水杈，专注母枝，并让它向着靶心冲刺。业精于勤荒于嬉，什么事只要你努力了，我相信，你就能赢得那份属于你的光荣和美好。”

凝望着父亲深邃的目光，我忽然发现他就是一位从田野走出来的哲学家。父亲虽然没能走出去，在故乡，他却是一把种庄稼的好手。十里八村的乡亲，提到父亲，没有谁不竖大拇指的；遇到父亲，没有谁不尊敬他的。一个人如若这样，人生不也就没什么遗憾了吗？

暑假还没有结束，我就决定去复读了。第二年，我顺利地考取了大专。虽然有遗憾，但是我不后悔。此后，我一直在努力地弥补高考的遗憾。毕业后，开始我被分配在农村小学，但是我始终不放弃努力，后来进了初中，上了高中，直至进城到省重点高中教书。

虽然我丢下了文学，丢下了表演，丢下了音乐，但是我觉得我的人生每一步都走得踏实，走得坚定，这应该感谢我的父亲——是他给我上了人生最重要的一课。

人生悟语

有所弃，才能有所得，这是放之四海皆准的真理。木桶装满了水，必然会泼洒；而如果只有八九成水，即使摇晃也不会洒出一滴。愿我们能放下不必要的负累，专注于一点，钉子一样钻下去，你就会有满满的收获，久久的幸福。

等待梦想花开

普雅花生长在南美洲安第斯高原上，历经百年的风雨才开花。花开极为壮观：花穗巨大，形如铁塔；万朵锦簇，云蒸霞蔚。流溢的浓香浸润着贫瘠的世界，让人痴迷，让人沉醉，让人折腰。

看着看着，我不禁陷入了沉思。普雅花用百年的等待只为一次开花，值吗？要知道等待是寂寞的，等待是孤独的，等待是漫长的，而且它只是静静地伫立在这荒无人烟的高原之上。

普雅花也许不曾思考过这个问题。无人光顾，无人赏识，都阻挡不住它执着的等待、灿烂地开花的脚步。普雅花不会思考，却给我们上了一堂无言的课：等一等，再等一等是人生的大智慧。

人生之路不可能一帆风顺，只有经受得住磨难的人才有等来黎明曙光的机会；只有善于等待的人才能把人生舞成一团花海。不是说“平静的湖面练不出精悍的水手，安逸的环境造不出时代伟人”吗？无论什么时候，我们都不应该被恶劣的环境所吓倒。我们要相信，外界的环境只是摔打我们的一个外强中干的驴子。鹰击长空，血路漫漫；春蚕破茧，暗夜迷离；面对这一切，我们要做的就是守住我们的心，即便被踢得千疮百孔又有什么关系。

等待是一块试金石。平坦的大路无遮无碍谁都会跑，会披荆斩棘的才是勇士。猫王首次参加了“乡村大剧院”的演出后就被老板开除，还给他贴上“小子，你哪儿也别去了，回家开卡车去”的标签。他气馁了吗？他还不是在等待中迎来了人生的辉煌。凡尔纳的第一部小说《气球上的五星期》投稿15家出版社都被退回，失望得几乎要将稿子付之一炬。要不是再等待一下，就不会有“流芳百世”的凡尔纳。苦难中的等待磨炼了一些人，也毁灭了一些人。凡·高在寂寞等待中的自杀不就是一个伟大的悲剧吗？你想攀上向阳的高枝，还是想走进无底的深渊，这就看你是如何把握等待了。只要你不抛弃，不放弃，执着前行，我们就有理由相信严冬终会离去，春暖花会开。

等待也是一个积淀自己的机会。成长是一个渐进的过程，不能操之过急，它需要的是一点一滴的积累。身处逆境之中，远离了名利的纷争，忘却了尘世的喧嚣，反而可以更好地蹲下身来从大地身上汲取前进的营养。“涓流虽寡，浸成江河；爝火虽微，卒能燎野。”法国科学家吉耶曼历时35年才从27万只羊的脑中分离出1毫克促甲状腺释放因子。这是怎样的一个漫长等待，他要经历多少失败的摔打、多少人们的白眼和心灵的煎熬。但是他顶住了，在黑夜中执着地前行，终于迎来了扬眉吐气的那一天——拿下了1977年的诺贝尔生理学奖和医学奖。

如果35年中他有一次懈怠，他会取得如此的成就吗？答案无疑是否定的。那么，我们遇到一些坎坷失败，还有必要怨天尤人吗？我们何不弯下腰充实一下自己。我相信这样，我们的人生路会走得更踏实稳健。

普雅花的等待是为了开花，而你又为了什么？只有在不断的拷问中，我们才能在等待中心无旁骛地执着于目标，经受住风霜雨雪的历练，才能长成参天的大树，才能开出绝世的花朵。

百年的等待，只为一次盛装的花开。普雅花用自己的行动诠释着自己的价值。人生也是一样。等待，对于每个人都是一门必修的功课。等待，让你浮躁的心变得澄净；等待，让你轻浮的脚步变得沉稳；等待，让你模糊的双眼变得敏锐；等待，让你鼓荡的心磨砺出刀锋……等待，这门功课我们都必须要上，而且要上好。如果有谁当了逃兵，即便是伟人，留给世人的也只有一声无奈的叹息。

人生悟语

等待的日子里，是看不到出路和光明的，但是我们的心里必须要有一盏明亮的灯。这盏灯就是你奋斗的目标。因为灵魂如果没有目标，你就会丧失前进的动力，并最终丧失自己。

人生从来没有绝境

东非大裂谷地区的马拉维湖湖水清澈，但是水温过高，而且含氧量也非常低。这样的环境是不适合鱼类生存的。清澈的湖水，河床上的鱼卵很快就会被天敌发现；高温蒸煮，鱼卵会腐烂变质；即便逃过这两道鬼门关，严重缺氧和没有水草也会令幼鱼因饥饿而死亡。

这真是鱼类的绝境啊，但是科学家却惊讶地发现，它是慈鲷的天堂。这是为什么呢？科学家经过长期跟踪研究发现：慈鲷进化出了让人不可思议的孵化方式，雌性慈鲷含卵在嘴里孵化。卵在嘴里再强大的天敌也猎食不到，而不断呼吸又能降温和供氧，保证了孵化率。雄鱼虽然把食物都塞进了雌鱼的嘴里，而雌鱼为了幼鱼安全，不食分毫。就这样，一个月之后，幼鱼有了独立生存的能力，雌鱼才把它们放进湖中。

马拉维湖是鱼类禁区，而慈鲷却用智慧赢得种群的兴盛，成为马拉维湖一道绝美的风景，那么作为万物之灵的人类呢？按照道理，应该比慈鲷有着更睿智的思考，更理性的选择，更坚决的行动。但是现实中却有很多人在所谓的绝境面前选择了放弃生命。演员张国荣自杀，诗人海子自杀……在这一串自杀的名单里，有多少人真的就走进了人生的绝境呢?

“不要惧怕失败，即使被踩到泥土中，我们也不能甘心变成泥土，而要成为破土而出的鲜花，从绝望中寻找希望，人生终将辉煌。”新东方校长俞敏洪就是如此面对绝境的。

在北大教了四年书，看到同学相继出国了，他也开始紧锣密鼓地准备。三年半的努力，希望成了泡影。为了梦想，他在校外办起了托福班，为出国学费忙碌着。但是梦想在一个飘着细雨的秋夜被彻底打碎了。

那天，他和朋友高兴地喝着小酒，描绘着日渐清晰的出国梦。这时，北大的高音喇叭里宣布了对他的处分决定。这个处分决定高音喇叭连播三天，北大有线电视台连播半个月，在三角地橱窗里还亮了一个半月。颜面扫地，他只能选择离开。

人生到这里是不是走进绝境了呢？梦想没有了，工作没有了，脸面没有了……他还有什么呢？俞敏洪说：“当一个人在绝境中为生存而奋斗时，他做什么都不会感到有心理障碍的。”他有什么呢?他有的是一股不怕摔的干劲，一股不服输的狠劲，一股不放弃的韧劲。低头走路，抬头看天，不问风雨，不问苍天，他不就这样在绝望的谷底开出了惊艳的花朵吗?

生活就像一片海，有一帆风顺，自然也有惊涛骇浪。谁也不可能只享受顺境的安逸，而不去接受逆境的打磨。一个人要想有所成就，经受惊涛骇浪的考验是他的必经之路，而成功也只青睐那些面对绝境绝不屈服绝不放弃的人。

让·诺雷是一个法国青年，生在贫困家庭，从小自卑。大学毕业，屡次求职，屡次失败，最后沉迷在游戏里不能自拔，过得穷困潦倒。一次，好友安克拉他去看才艺表演。他发现表演的都是草根族，而安克也想拉他上场。他嚷着不行，但是安克却坚决地把他拉上了场，他顺手捡起一个椰子放在头顶，对安克喊：还记得小时候的游戏吗？动手吧！安克一棍扫去，椰子碎了，而让面不改色。表演赢得掌声雷动，被久违的鼓励包围着，他热泪盈眶。回家之后，他开始尝试不同的工作：送快递、卖鲜花，两年之后，他成了房地产公司的经理。随后，他辞职回家，用一年时间写出了《被椰子改变的梦想》，成了高居榜首的畅销书作家。

世上没有绝对的事，人生也从来没有绝对的困境。马丁·路德·金曾说：我们从绝望的大山上砍下一块希望的石头。无论多么难，都要坚信，只要坚持就有希望，就有转机。

人生悟语

这世界上，只要思维不绝望，心灵不干涸，再荒凉的土地，也能变成生机勃勃的绿洲。

逐梦，趁青春年少

每个人的人生际遇不同，有的人努力了一辈子都不曾品尝过成功，而有些人却能够笑傲人生，成就辉煌。成功的机会对于每个人来说都是平等的，但是为什么区别这么大呢？下面这个小姑娘的故事或许能够给予我们一些有益的启示。

她出生在德国汉堡的一个牧师家庭。她不到一岁就学会了说话，却学不会走路。三岁，别的孩子早已到处奔跑，而她扶着墙还走不稳，更不要说奔跑了，父母望着她直落眼泪。

她的父亲不相信她是个运动的白痴，只要有时间，他就牵着她走楼梯。这时，她总是紧紧地抓着父亲的手，眼里写满了惊恐。而父亲总是不厌其烦地做着示范，告诉她怎样迈脚，怎样下楼，并谆谆教诲她："困难不可怕，只要我们有信心，敢于迈步，就不存在困难。下楼梯，你闭着眼睛迈出了第一步，那么下一步也就在眼前了，有什么困难呢？"

父亲的话给了她力量，她一边在心里想象着怎么迈步、怎么下楼，一边尝试着练习。可是，也许是先天缺少平衡感，迈出了一步，还没有来得及跨出第二步，人就从楼梯上摔了下去。父亲冲了出去，抱住她，心疼地问她摔得怎么样？她擦了擦眼角的泪水，拽着扶手爬了起来。父亲想牵她回屋，可她头一仰，坚决地拒绝了父亲。她松开扶手，望了望脚下的楼梯，腿抖得厉害，但是她没有退缩，咬着牙，鼓着气，哆哆嗦嗦地伸出了一只脚。那只脚在楼梯上站稳了，她没有摔倒。这时她的背后响起了掌声，她知道那是父亲在为自己加油。接着，她又迈出了第二步，但是这次没有站稳再次跌倒了。

两次跌倒，让她痛了几天，但是她却学会了走路——尽管像企鹅，毕竟是自己在走。

上了学之后，由于走路的姿势不好看，她自卑寡言，不愿意亲近同学，被同学们取了个绰号——“灰老鼠”。后来，发生了一件改变她一生的事，是那次三米台跳水。

那是小学的一堂跳水课。同学们都已经顺利地跳完了，跳台上只剩下她孤零零的一个人还在等待着。尽管台下老师和同学们不断地鼓励着她，可她还是不敢上前，害怕得眼泪糊满了脸。

下课的铃声响了，她的身子一颤，脚有些站不稳。她望望跳台，后退了一步，两步……突然，她站直了身子，向前走了一步，再走了一步，眼睛一闭，她直接从台上飞了下来。全场响起了热烈的掌声。

从水里出来，小伙伴们问她怎么跳下来的。这时，她还没有从恐惧中走出来，颤声说：“爸爸说，遇到困难，闭上眼睛，迈出第一步，第二步也就在眼前了。”

闭上眼睛，往前冲，这成了她人生的一个信念。凭着这个信念，她以近乎完美的分数从高中毕业，顺利地进入莱比锡大学攻读物理学，并获得物理学博士学位。凭着这个信念，大学毕业之后，她加入了基督教民主联盟，在短短15年的时间里，她就成为德国历史上第一位女总理。

她是谁？她就是德国历史上最年轻的总理安格拉·默克尔。

我们每一个人都有着好胜心，在刚刚遇到自己热爱的事情的时候，总是充满激情。但是，一旦外界的诱惑来了，困难来了，当初的激情就会灰飞烟灭。所以，尽管我们迈出了第一步，但是如果没有再走一步的决心，那么再唾手可得的成功也会与我们失之交臂。

人生悟语

人不轻狂枉少年。我们正值青春年少，没有理由不去追逐梦想，不去接受挑战。所以，当你想要逃避的时候，就学一学默克尔：走一步，再走一步。

仰望生活

入夜，没有月亮，没有灯光，人就像掉进了一口黑暗的井里。这样的世界，没有谁是不想夺路而逃的，这是夜行必经受的考验，概莫能外。有人惊叫着狂奔，有人恐惧着哀号，但更多的人会选择仰望星空。没有了月亮，苍穹上点点寒星却还在。它们的光虽然微弱，但是却足以照亮那迫切希望捕捉光亮的眼。于是，许多人轻松地走过了那无边的暗夜。

仰望星空是一种行走的姿态，仰望生活不也是一种积极的生活态度吗？

赵本践罹患肺癌，医生说他只有半年的时间，但是他却并不在意，而是计划着去实现他的环球旅行的梦想。本来有工作的拖累，现在去日无多，工作也就不是首要考虑的问题了。他辞去工作，和爱人开始了连自己都不知道能不能完成的旅行。

他奔波在路上，首尔、东京、夏威夷、旧金山……每一个以前只能在电视里才能谋面的城市，现在都成了他镜头里的风景。他忙着拍照，忙着发微博，忙着回消息，忙碌成了他生活

中的一种常态。现在，四个半年过去了，赵本践还活着。医生检查说，他能挺过两年时光已经是个奇迹。但是，他却说，自己还没有活够，他要继续走下去。一个人只要放下了那些拼命追求的负累，仰望的世界也会变得纯净而空阔。

林大妈是不幸的，结婚不到五年就死了丈夫，留下的一个遗腹子还是智障；晚年大儿子又遭遇车祸残疾了，儿媳妇也跑了。这样的生活谁听了都会唏嘘慨叹，为林大妈揪心。

以前，只要和人提起林大妈人们就会想当然地认为她一定是面容枯槁，发如稻草，衣衫寒酸的形象。但是，当林大妈真的出现在面前时，人们更多的是震惊。她罩着大红带着黑色梅花的旗袍，高挽着发髻，上着淡妆。头发虽然有些发灰，但是却没有多少白发；脸色有些发黄，但是却有滋润的光泽。这样的一个形象哪里能看得出她曾经遭受过那么多不幸的折磨呢？

“不幸每个人或多或少要经历，只不过我比他们经历得多了一些而已。每天晚上，睡觉之前，我都会仰望一下天空。有月亮的夜晚看不见星星，是星星不存在吗？不是。没有了月亮那些星星不就都跳出来了吗？我就想，月亮我是要不到了，但是星星一样的小幸福还是有的吧。小儿子虽然傻，但是不淘气；大儿子虽然残疾，但是还能给我一些帮村；孙子虽然小，但是聪明孝顺。我拥有这么多，我还有什么不满足呢？相对于那些失去的，这跟前的一切不更值得我们仰望和呵护吗？”

听着她的话，谁不为她的淡泊豁达而折服呢？人生不如意十之八九。既然不如意是人生一种常态，我们又何必纠缠于它的无情。放下它，我们就能仰望生活，赢得未来。

有了仰望生活的姿态，还有怎样的生活不能让我们安之若素，还有怎样的生活不能让我们偃仰啸歌呢？

人生悟语

仰望是一种生活的态度。仰望生活，犹如炎夏遭遇雷雨，燥热中席卷着安慰；仰望生活，犹如雪夜绽放蜡梅，清冷中燃烧着自信；仰望生活，犹如荒地长出青草，死寂中滋生着希望……

为今天开心

一个同学在杭州打拼，好不容易挣下了两处房产。本来打算将老人带过去享福，没想到他被一个朋友欺骗——用房产抵押了100万投资朋友的工程，而朋友投资失败，卷了钱逃之夭夭。他那段时间就像疯了一样，报警请求警方的帮助，四处寻找那个朋友。可是，朋友人间蒸发了一样杳无音信。本来这套房子贷款刚刚还清，而新买的房子又要还按揭，根本没有钱来支付抵押贷款。而如果没钱还抵押贷款，房子就面临着被银行查封的危险。同学满是焦虑，夜不成寐，竟然得了胃癌，住进了医院。当我看到他时，人也一下子变得瘦削苍老，枯黄的脸上爬上了刀刻般的皱纹。

听着他倾诉自己的不幸遭遇，我心里不禁对那个忘恩负义的家伙感到憎恶。一段美好的友情就是由于他的逃避而让人生出世态炎凉的寒意。你诅咒着朋友的无情，悔恨着自己的轻信，似乎你是被世界抛弃了的人。朋友的离去，也许有着他无法说出的原因吧，既然你们以前那么要好，为什么不试着原谅他呢？你的付出，为什么不可以理解为你的善良和诚挚？人生中风雨载途，不经历艰辛那是痴人说梦。既然如此，我们还是生活在现实中吧，以前的错误已经酿成了，我们没有必要耿耿于怀。放开心胸，悦纳自己，快乐面对，对我们来说比什么都重要。

人生的丰富，不只在它有着收获的荣光，还有着失败的击打。磕磕碰碰始终是纠缠着我们的一道绳索。如果我们的情绪被它左右，一味地逃避现实，它必然会越勒越紧，以致我们无处遁逃，成为它的俘虏。无论多大的磨难，我们都要给它设定一个终点，让那过去了的永远成为过去。善于抛却烦恼，记住快乐，我们的世界才会明媚如春。而如果我们始终陷入被击打的世界，总是背着沉重的包袱，在焦躁、愤懑、后悔中生活，我们不仅会白白浪费自己的大好时光，也往往会被压力击溃。

人生不如意事十之八九，我们不要想着不可自拔的忧伤，不要计较着无以名状的痛苦，为自己的今天开心。较量痛苦，徒添烦恼；计较失去，悔恨莫名；徘徊忧伤，刺伤自己……既然每一个患得患失都让我们陷入伤悲，不如放眼今天，为自己的今天开心。

我们每一个人都是脆弱的，尤其在遭遇打击和失败的时候，我们往往无所适从，自怨自艾。可是一旦走过那段艰难，才发现烦恼是自己找的。只要内心尝试着面对现实，原谅他人，接受自己，恍然间，你会发现每天无病呻吟，感慨万千也是于事无补，现实并没有我们想象得那么可怕。既然这样垂头丧气地苦撑，不如昂起头来走路。路不平，就踏平它；有荆棘，就拨开它；有风雨，就迎向它……只要我们带着快乐，不断奔跑，总能找到明天的朝阳。

开心就仰天长啸，伤心就涕泪横流，随情随性地展现自我，不要把痛苦压在心底。给痛苦一掬泪吧，它会化解你所有的伤悲。没有哪一次笑会被人永久地记得，但是哭却可以带给人刻骨的回忆。既然这样，我们何不擦干泪水，放下伤悲，打开心灵的窗户，让阳光照进来，做一个开心的人。朋友，我们要坚信：“一切都会过去，那过去了的，将成为永远的怀恋。”

“如果你心头一片黑暗，那么，什么样的蜡烛也无法将其照亮！即便我没有吹灭蜡烛，也说不定会被哪阵风给吹灭。而只有你点亮了一盏心灯，天地就自然一片光明。”做一下深呼吸，涤荡一下沉重的心灵，给身体松松绑，数一数自己的幸福，你会发现环绕在身边的美好，自己也没有想象的那么糟。

让我们解放自己，静静地回家。你会发现白云也会追逐苍鹰，风声也会和你耳语，晚霞也会对你嫣然一笑……回家和父母说说家常，和妻子呢喃情话，和朋友摆摆龙门……或者干脆给自己的心情放给假，去登临群山，去探访秀水。如果觉得还不畅快，拿上一把吉他做一回流浪歌手，扯开嗓子，吼出“神曲”吧。这时，你会发现生活是如此的丰富多彩。心中的抱怨没有了，眼中的灰暗消失了，脚下的道路延伸了，我们的内心就会充实。这时你会发现，那个珍惜时间、开心度过每一天的自己又回来了。

刘心武说：要为你自己高兴，你的个子最适合于你，你的相貌为你所独有，你的身体状况即使不佳，即使有残那也无碍你内心的自尊与自爱，因为你在诚实地生活，在认真地工作，在挣得你应得的一份，在享受社会应为你提供的那一份快乐。在每天晚上问心无愧地安睡，每天清晨又兴致勃勃地迎接一个平凡而充实的日子……

因此，我们不必囿于昨日的梦魇而自怨自艾，悦纳自己，为自己的今天开心。

人生悟语

我们每一个人都有着这样和那样的缺点，但是这又有什么关系呢？其实，在人生的旅途上，我们每个人都在营造一处风景，一抹个性独著的风景。不能长成参天大树，做一丛灌木不也挺立吗？做不成灌木，做一朵花儿不也飘香吗？做不成花儿，做一株小草不也凝绿吗？做不成小草，做一颗沙子不也踏实吗？这个世界，存在的都是有价值的。只要路在延伸，风景就会不断带给我们惊喜。

生命是一棵树，总会等到梦想抽芽

十一月的阳光纸一样的惨白，渗着一丝丝的阴冷。稻场水洗了一样，苦楝挑着几片苍黄的叶子，在风中瑟缩着。我坐在阳光下，没有什么适意的感觉，倒是因为工作屡遭他人排挤而生出无边的郁闷。几只顽皮的麻雀叽叽喳喳的，捡拾着稻场上遗落的谷粒，聒噪得人心烦。

我气咻咻地冲上前去赶麻雀，它们“嗡”的一声飞到了树上。看到母亲正在田头剪桑树枝，瘦弱的身子在风中显得那么吃力，我抢过剪刀剪起来。“啪、啪、啪”，桑树的枝丫扑簌簌地坠落。略一凝神，剪刀过处，乳白的汁液泪一样滚落，看着让人心痛。这可是桑树赖以度过严冬的食粮，现在却将它无情地抛却，对于桑树岂不太残忍了？来年它还能长得茁壮吗？我疑惑地责问母亲。

母亲却显得平静，她告诉我：“这是为桑树好。剪掉枝丫，看起来桑树受了伤，可是实际上呢？这一次修剪，桑树抗病虫害的能力增强了，变得更坚韧，而且还使来年的养分供给更集中，桑树才会枝繁叶茂，才会长得粗壮，长得结实。”听着母亲的话，我陷入了沉思。

“不是有人说桑树的每一个伤口就是一个微笑吗？其实，我看正是有了伤口，才让桑树有了停下来等一等的时间，它才有机会慢慢舔舐伤口，规划未来。你看，桑树的每一个结疤不正像是它对自己的一个总结吗？它就是这样在不断地牺牲、不断思索中成长成材的。如果没有这样的付出，它也不可能成为木材中的佼佼者。你看到那些撒落在稻场里的谷粒了吗？它们都在迫不及待地发芽，在阳光下得意地炫耀。没有经历过风雨，它们能熬过严冬结出稻穗吗？”

听着母亲的话，我纠结的心渐渐熨平温暖起来。走近稻

场，我才发现洼地上早就秧苗青青，一丛丛，一簇簇的，正与阳光相互致意。

望望叶片稀零的桑树上那一个个醒目的伤疤，看看郁郁葱葱的秧苗，我的思绪万千。剪去枝丫，使桑树受到了伤害，在我们眼里是遏制了桑树生长，可是这样的付出却换来了桑树更好地生长，更快地成材。那么我呢？不过是经历了生活中的一点微风细浪就自怨自艾，徒生感伤，岂不让人贻笑大方？难道我不应该像桑树一样等一等吗？虽然等待或许会给我带来苦痛的煎熬，但是不也可以给我一个积聚力量、重新奋发的机遇吗？我有必要陷进过去的泥潭而不自拔吗？这绝不应该是我，绝不是。我一定要给自己一个等一等的机会，让这创伤结痂成一朵美艳绝伦的花。我的心呐喊着，舒展到说不出的大。

周围的阳光生动起来，麻雀又落在地上，叽叽喳喳的。

人生悟语

不要急着让人生给你所有的答案，你要知道跑得太快就会摔跤，有时等一等是我们应该选择的姿势。岁月是一棵树，生命是云雀，冷风苦雨是不可避免的。有时，我们等一等，或许就在树下找到了春天的消息，梦想便抽了芽，不是吗？

幸福在路上

无论什么时候，我都以为自己是幸福的。我始终觉得幸福指数的高低与金钱没有多少关系。我看到的幸福散布在每一个平常日子的细碎阳光里。一句叮咛，一声问候，一次牵手……都让我感动，让我追怀，让我铭记。当一个个碎玉般的细节累积、酝酿，并最终沉淀我心的时候，就汇成了我卑微生命中最明媚的骄傲，最温暖的幸福。

那天，一家三口去升金湖观鸟，回到县城已是黄昏。远山如卧蚕，还是一片冷峻的苍青。夕阳给柳树镀上了一层金色，老河粼粼的波光露出一些粉色。深秋这样的景致怎么好辜负呢？于是，我们下了车，就沿着大堤散起了步，享受着这难得的三人世界。

河沿没有多少行人，平静祥和中有着安适。女儿一路活蹦乱跳的，大声呼喊着，不时拽拽妻子的手问新添的廊柱漂不漂亮，没有得到想要的答案就又抱着我的腿撒娇。这样的时刻，内心的温情是最饱满的，幸福也像鼓满了风的帆。冷空气扑面而来，只是脸有些不舒服，但周身还是被温暖的气息簇拥着。那份欢乐，那份满足，是一句话就可以表达的吗？

也许有人会说，不就是一次平常的散步吗？但是，对于我们，却是一次不可多得的机会。妻子在外地上班，女儿在学校寄宿。这样一家团聚的日子，对于我们来说和欢乐的节日又有什么区别呢？

我们彼此珍惜着。女儿嬉笑打闹，我也置身其中，追她、撵她，在草地上挠她痒痒。女儿更是疯狂，斗不过了，干脆抢过我的眼镜，跑起来炫耀着，诱惑着，想要我追她。我自然是不能放过她。妻子浅笑嫣嫣，只是偶尔张开双臂拦住奔跑的女儿，迎接女儿的拥抱。

暮色渐浓，华灯初上。夜色罩上一层昏黄的灯光，朦胧里有了些许诗意。回家，过红绿灯，我们手拉着手向对面奔跑。在中间的女儿突然狡猾起来，一把抱住了我的胳膊要我抱，我想让她自己多走走，但是女儿不管，赖着就不走了。我抱起女儿，牵着妻子跑起来。那一刻，我们像长上了翅膀，快乐地奔向幸福的彼岸。放下女儿，听见的是快乐的心跳。

“真幸福。”女儿给了我和妻一人一个热吻，然后一手拉着一个，我们欢快地跑起来。三个人叫着，闹着，没心没肺地把笑声洒了一路。

这不就是真实的幸福吗？

我和妻子为生活奔波，女儿为前途打拼。这样的日子，生活是忙碌的，日子是平淡的，但是我们的内心始终是丰盈的，因为幸福一直就在我们的身边。一家人互相牵挂着，互相惦记着，相亲相爱，还有什么比这更深长的味道，比这更真切的印痕呢？

人生悟语

幸福，是人生路上的快乐精灵。只要你张开双臂，只要你愿意寻找，它就在路上等着你，不经意间，你就能与它撞个满怀。

转个弯遇见阳光

近日读报，看到这样一个故事：一次，成吉思汗的父亲为了庆祝胜利，决定进行一场快马比慢的比赛。战马搏击沙场，快才能胜人一筹，这比慢还真是个问题。现实也真是如此，一天过去了，夕阳就要落山，而比赛还没结束。

话一出口，驷马难追，比赛还得继续，怎样才能结束比赛呢？他的父亲下令："谁有办法尽快结束比赛，给予重赏。"既然是比慢，谁愿意自己的马快呢？人们都摇头不语。这时，年仅12岁的成吉思汗站出来说，他有办法。

他跑到骑手们的面前做了一个调整，比赛很快就结束了，跑得最慢的马依然是胜者。

他是怎么做到的呢？原来，他让骑手换骑了战马。骑手不是战马的主人，自然不希望胯下的马比自己的马跑得慢。骑手个个奋勇争先，僵局自然就打破了。

比自己马慢，马自然就会慢；但是换一个角度来考虑，比别人马慢，马必然就快了起来。

一条路走到尽头，换一个方向，我们就能看到阳光。这是成吉思汗快马比慢给我们的启示。生活中，转弯就能遇见阳光的例子比比皆是。

生活中不转弯往往只是耽误了行程或者做事愚拙，人生若是如此，那么就有可能满盘皆输，连改变的机会都没有了。

“人不是生来要给打败的，一个人可以被毁灭掉，但不能被打败。”说这话的时候，海明威是让人仰为观止的，但是他却被疾病彻底打败，给后人留下了一片阴影。

斯蒂芬·茨威格是二战中举足轻重的流亡作家，他没有选择继续用手中的笔来唤醒民众，而是选择了结束自己的生命。他在自杀的时候想明白了“即使是想要自杀的人，也总要弄明白生活的真谛是什么”这句话的含义了吗？……他们的去世，全世界都为之扼腕长叹，但是他们的选择明显是人生的败笔。

天无绝人之路，转个弯就是路，回个身就是阳光。他们这样轻率地对待生命，生命还能给他们第二次扬帆起航的机会吗?

一个年轻人立志成为棒球名将，他每天勤奋地练球。但是，命运却同他开了一个玩笑，一次比赛中，他严重扭伤了自己的手臂。从此，他只能告别球场。他伤心欲绝！但是，他并没有被命运击垮，而是选择了漫画。他把原先打棒球的精神都用在漫画上，笔耕不辍。数年后，他完成了《信不信由你》等名作，成了一位知名的漫画家，他就是罗博·李普莱。

这个世界从来没有绝境，只有绝望的人。人生从来都不是一帆风顺的，我们都会遇到坎坷和磨难。当我们身陷困境的时候，记住鲁迅的话，“世界上本没有路，走的人多了也便成了路”。没有路了，只要心醒着，人生照样能走出另一道风景。

人生悟语

没有路，转个身，踏出去，你就能看到太阳。这可以说是一个大智慧。有了它，你就能让阳光转弯照进它无法达到的角落；有了它，你就能收获“山重水复疑无路，柳暗花明又一村”的惊喜；有了它，你就能改变命运，创造出不一样的人生。

带着梦想生活

一名校毕业的硕士生放弃月薪7000元的白领生活，到横店影视城去跑龙套，做群众演员。一天下来一身臭汗，也只有40元，还常常没有活儿，这哪里还是人的生活？同事们劝他，朋友们拉他，但是他不为所动，总是说现在不做梦，将来做梦就来不及了。

炎炎烈日，其他人都躲到树荫下，只有他跟在导演身后跑上跑下，带着好奇的眼睛去寻找，去发现——他说：他梦想成为一个导演，然后用手中的镜头记录生活中的诗意。看着那张年轻朝气的脸，我们看不到失落和哀伤，有的是幸福和快乐。

海阔凭鱼跃，天高任鸟飞。每个人都有梦想，但是很多人的梦想都折戟在做梦的幻境里。“梦里走了许多路，醒来还是在床上。”哲学家用形象化的语言告诉我们，人不能躺在梦幻似的生活里，有梦就要去追求，去寻找。这位名校毕业生的梦想即便不能实现，但是他有过梦，追过梦，这不就够了吗？人生不都是在对梦想不停步地寻找中发光发热的吗？

南京有位单身母亲，她的梦想是带女儿走遍世界各大都市。她只是一个店员，每个月的薪水也只有2000多元，勉强维持生活。许多人听到她说要走遍世界都觉得这是痴人说梦。是啊，没有经济支撑，再丰满的梦想也只是易碎的肥皂泡。

在众人讥讽嘲弄的眼光中，她开始了积极而艰辛的准备。当人们几乎淡忘了这件事的时候，她却在微博里贴出了自己到达伦敦和巴黎的照片，一时间引起了广泛的关注。一个大人带着一个孩子就是走出国门也至少要准备两三万吧，可是她们6000块钱就把伦敦和巴黎玩了一个遍。一时间，微博上粉丝如云，都在打听怎样用最少的钱玩转伦敦和巴黎。

我们都爱读海子的诗：从明天起，做一个幸福的人/喂马，劈柴，周游世界/关心粮食和蔬菜/我有一所房子/面朝大海，春暖花开。我们说它浪漫，说它洒脱，说它悠闲，可是又有多少人关注过自己的梦想，为梦想而执着前行呢？

梦想浪漫的花苞虽然五彩缤纷，但是终究经不住时光的冲洗。有多少梦想还没有来得及开花就凋谢了，枯萎了，空留下一地惆怅，一声叹息。海子的离去是每一个有梦想的人锥心的痛，可是又有谁看到他梦醒之后无路可走的苦痛？其实，海子的悲剧就是梦想覆灭之殇。

人生不能没有梦想。如果突然有一天，面对良辰美景，我们不会激动；面对缤纷梦想，我们不能行动。那么我们的人生还有什么希望？

人生不易，有梦就是幸福。也许我们这辈子只能过“喂马劈柴”的生活，但是只要心中有梦，我们就能怀抱一轮明月，生活处处也会满是诗意。

人生悟语

努力向上吧，星星就躲藏在你的灵魂深处；做一个悠远的梦吧，每个梦想都会超越你的目标。只要我们心怀梦想，面向大海，不停地飞翔，春暖了，花自然就会开出一路芬芳。

天越走会越亮

天刚破晓，屋外是一片漆黑。小女孩早早地就被她的母亲拉了起来——她要到二十多里外的镇上上学。她背起书包，和母亲摸着黑出了家门。爬过了几道山梁，东方开始现出鱼肚白，她的母亲颤巍巍地说：“你自己走吧，这个天是越走越亮的。”小女孩回过头看看母亲，转过身向学校的方向走去。

看着《舌尖上的中国》中的苗家小姑娘，我感动于她的勇敢，她的坚强。是啊，无论山有多高，无论海有多宽，天始终是越走越亮的。在漆黑的夜晚，只要我们不停地奔走，那一抹灿烂的曙光终会照亮我们的眼睛。

记忆的深处，这句话也是父亲的一句口头禅。那年中考，我没有考取中专，只得上昭潭中学。昭潭中学就昭潭中学，我就不相信没有我的容身之地。就在我背着行李准备去报到的时候，硬是被父亲拖回了家。母亲患了子宫瘤，开刀急需用钱，家境又惨淡，无论如何是支付不了我上高中的费用的。

苍天不公啊。我变得郁郁寡欢，窝在家中，有时一两天不说一句话，只是瞪着天花板发呆。父亲似乎并不注意我，那天，他还强拉着我去砍柴。砍柴的地方在升金湖对面的阴山。我们住的地方离山场有十多里的路程，我和父亲得凌晨起身。那里四周山高林密，不时传来獐啼鹰唳，我一身的虱子都不知抖落了多少，有几次还钻进了父亲的怀里。而父亲并没有多少的安慰，宽厚的手掌拍在我的肩上，说得最多的就是“中伢，不要怕，路要自己走，等是等不到天亮的，天越走越亮。”说也奇怪，两三天过去，就是黑夜，我一个人也敢走山路了。

复读是在离家十六七里地的杨桥中学。离家路途遥远，只有周末才能回家讨些米和菜，平时就住在学校里。每个周一，为了不耽误课程，父亲两三点就将我拉起床，送到半路的圩田旁，父亲就会丢下我，“天越走越亮了，自己当心点，我要去干活了。”我不再缠着父亲，和父亲道过别之后，就昂着头，高唱着奔向学校。

一年之后，我考取了中专。为求保险，父亲坚决要我填报师范学校，而对于我想要上会计学校的愿望置之不理。送我上师范的那天，父亲高兴得什么似的，他临别时念叨的还是那句话：“人生没有跨不过的坎，走过黑夜就是白天。不要为现在担忧，做好自己，天是会越走越亮的。”

“只要一直走，天是会越走越亮的。”父亲的这句口头禅从此嵌进了我人生的相册里。无论是在乡下教书的岁月，还是半夜起来坐在案头苦读；无论是考进县城的日子，还是挑战自我彻夜写作……我再也没有停下自己奔跑的脚步。我认认真真地走好每一步，过好每一天，努力做到最好，做到没有遗憾。回头看看人生的路，点缀在路上的始终是那响亮的晴天，灿烂的日光；那荆棘，那坎坷，那创伤，虽然还有那么一抹痕迹，却成了装饰来路的一道抹不去的风景，没有了往日的锥心刺骨，却有了沉甸甸的厚实和凝重。

人生悟语

相信吧，黑夜的尽头就是白天，天只要走就会亮起来。让我们站起来，毫不犹豫地转身，跑向那太阳升起的地方……

Part 02

用青春的脚步丈量生命之路

生命始终是我们必须要审慎面对的对象。面对生命，没有谁愿意轻言放弃，我们总是在竭尽全力地呵护它，修炼它，完善它，希望它能结出炫目的硕果。生命不息，青春的脚步不歇，你走好它的每一步了吗？

02▸▸

悦纳陌生的自己

老武坐在我的面前，神情落寞，面容憔悴——一个雷厉风行的人竟变得如此脆弱和无助。老武是那种事事追求完美的人，工作起来不分白天和黑夜。在任上的时候，他就被神经衰弱所困扰。退休之后，没有了工作的牵绊，生活有规律了，按理精神应该好起来。但是，他恰恰相反，精神不但没变好，反而更加萎靡。做什么事情，过一两分钟就不记得了；拿着钱买东西，钱付了东西忘拿了；就是出门稍远一点，他也能把家给忘记了……到医院一查，说是患了老年痴呆症。退休没几年，好日子才开头，就摊上这档子事，你说老武那个恐慌无助啊——事情不要他做，金钱不上他手，连出门都还跟着个人。

送走了老武，我陷入沉思。

悦纳自己是一个响亮的口号。因为人只有接受了自己，才能变得沉静平和；只有接受了自己，才能变得自信乐观；只有接受了自己，才能变得积极奋发……可以说，人只有悦纳了自己，才能善待自己；超越自我，才能有面朝大海，春暖花开的感觉。而人一旦被现实所累，就会怀疑自己，否定自己。惶恐，焦虑，绝望，哪里还有勇气面对生活，哪里还有信心眺望未来呢？

生活是一面镜子。你对它笑，它就对你笑；你对它哭，它就对你哭。既然如此，我们何不悦纳自己，享受生活呢？

对那些处于人生上升期的人而言，悦纳自己确实有着不可估量的价值，但是像老武这样跨过了人生的辉煌，生活的空间被压缩进家庭的人而言，这确实是一个问题。迈入老年，生活彻底变了样，连自己都觉得陌生，他们是不是也要悦纳自己呢？回答是肯定的。

我的父亲退休之后，两年多时间里心里没有着落，常常整夜整夜地失眠。看心理医生，吃安眠药，不行。焦虑、烦躁、沮丧挂在脸上，我们都为他着急。那段日子里，父亲说他整个人都是飘着的，眼前一片灰败，连早上起来眼睛都是肿胀虚浮的。

熬过了那段艰难之后，父亲开始渐渐地与自己和解，学着去接受，去适应，去面对。不想失眠，只说生活，想办法去给生活找乐。为了打发那漫长的时间，他养八哥，他种花草，他甚至跑到市郊种了一块地。有时间没时间，他都要去侍弄。充实的生活让他的精神变得愉快，出来进去都哼着小曲儿，那令人讨厌的失眠症也在不知不觉中远去了。

经历了人生退位的转变，经历了失去自我的迷惘，父亲在忙碌中又打捞起了一个新的自我。看到别人夸他的八哥聪明，他会炫耀着让八哥说话；看到别人说他的花儿美丽，他会夸张地连盆都送给人；看到别人说他的菜水灵，他会主动地把菜塞进人家的篮子里。我们看不懂他，他却说，看到别人快乐，自己也会收获快乐。原来，父亲是在忙忙碌碌的付出中找到了悦纳自己的自得。

日中之阳如探汤，日落之阳如灯烛。无论是探汤还是灯烛，都不过是太阳给人的印象，太阳还是太阳。人老了，灯油耗得差不多了，连自己也陌生。但是，它并不因为你陌生而失去自己的价值，它也是生命历程中的一种必然。既然如此，我们为什么不坦然地接受自己呢？无论它是怎样的一种存在，即便是疾患缠身，我们都应该积极地拥抱它——带着一颗问候和感恩的心，心境平和地接受。人老了，早年的豪情消失了，对外界的需求少了，生活也变得简单而纯净了，我们还有什么奢求呢？抬头看看银河，低头望望流水，哪里都有生活的美好。既然如此，我们何不去聆听来自身体的声音，悦纳自己呢？

人生悟语

悦纳自己，能够从平淡中流淌出从容坦然；悦纳自己，能够从热爱中赢得心底安然；悦纳自己，能够从简单中品味到诗意美好……打拼中的年轻人，更要悦纳自己。

走自己的路

一个小沙弥笃信佛教，7岁时就住进夏琼寺研习藏文和佛教。16岁时，他觉得自己已经学有所成了，于是每天变得懒散起来，待在寺中和其他的沙弥一样，早迎朝霞，暮送落日。他的师父顿珠仁钦看在眼里，急在心上，本来就是因为门下没有什么出色的弟子才将他引渡进佛门的，而今却……

这天，天气格外晴朗。顿珠仁钦将他的门下带到了一栋破败的茅屋前。他告诉弟子自己在孜塘放了一部《量释论》的经书，要弟子去帮他取来。弟子们一阵骚动，议论纷纷。原来，此去孜塘如果绕远要一个星期才能到达，如果截弯取直大概只要一个多小时的脚程，可是路上有一片荒无人烟的沼泽，连野兽都不敢光顾，这一路的凶险就可想而知了。这时，有三个弟子站了出来愿意接受师父的考验，其中一个就是那个小沙弥。顿珠仁钦看了看他们三个满意地点了点头。

小沙弥他们上了路，开始的时候还是绿树成荫，他们也一路欢快地前行。来到沼泽地，一眼望去是无边的草地，还零星地点缀着海子，透着阴森森的恐怖。“前面有脚印，应该有人过去过，沿着别人的脚印走一定不会有错。”大师兄欣喜地说：“我先来，你们跟在我的身后，一有意外马上离开。”沼泽地没有路，每一步都要试探着走。虽很艰险，左跨右跳，竟也找出一段路来。好景不长，没走多远，大师兄一脚踏进烂泥里，沉了下去。两个小沙弥赶紧出手，可是他们脚下的土地也松动了，二人无奈放弃，只好眼睁睁看着大师兄消失在眼前。

两个小沙弥惊恐地退回到森林，望着沼泽发呆。突然小沙弥好像发现了什么，兴奋地拉起小师兄往来路飞奔。“你这是干什么？我们难道就这样放弃吗？”小师兄大声地叱问。小沙弥没有回答。

回到茅屋前，师父还站在那里眺望着。看到他们两手空空，众弟子一阵唏嘘。师父问他们为什么空着手回来了。小沙弥没有回答，只说借两扇门用用，扛起门就又朝森林奔去。

来到沼泽地，放下门，小沙弥才告诉小师兄自己的想法。原来，他看到沼泽并不长，也就两里路光景。于是他想到了用门板做支撑，一进一换，虽然带上门板比较麻烦，却很安全。

经过一个多小时的努力，他们终于达到了对岸，并顺利地拿回《量释论》。师父看着他们发出了会心的微笑，并且说了一句意味深长的话："走别人的路，别人的路走不走得通你只有看见才知道。而对别人的路不是每一条我们都会去体会的，那么，我们就要多想一想，扛起责任这块门板，才不会被沼泽埋没，才能走出自己的路。"

这个小沙弥谨记着师父的教诲，告别师父遍访名师，讲论文义，修行实证，并最终创立了格鲁派。他就是宗喀巴。

世上的路很多都有人走过，可许多人都是在追赶别人的脚步中被埋没。其实，世上的路并不是越多人走越平坦，而是要看你在沿着别人的路走的时候，有没有扛起责任的门板。

人生悟语

我们只有有了对自己的生命负责的精神，才能走出人生的精彩，而不致落进那些平庸的陷阱而不能自拔。

时间是一匹马

时间是一匹马。我们一个人打马前行，如果没有握紧缰绳，或许就会从马上掉下来。马的奔跑是一条没有句点的直线，它从来不关心坐在背上的人是否还在，它只是知道，向前，向前，再向前。

李真一原来是一位画家，画得一手好山水。看到她的画的人都说她的心中有丘壑，她也常常为此自鸣得意，还举办了一次个人画展。在画展上，她的画作更是被人称赞有黄宾虹的遗风。如果按照这个轨迹发展下去，那么到了今天，她应该是画坛翘楚了吧。

但是，在她鬼使神差地爱上一个人后，一切都变了。那个人玩弄了她，最后还无情地抛弃了她。从此，她感觉天空塌了，整天郁郁寡欢，没有了生气，连提笔的兴致都没有了。每天，她除了对着镜子梳妆打扮，就是说着过去的故事：当年自己的画画得怎么出色，自己是怎样的骄傲，他是怎样的爱自己……三十年过去了，她还沉浸在昨日的梦里，没有醒来。

时间是一匹马。落下马有什么关系呢？跨上马，我们挥鞭再前行就是，但是又有多少人做到了呢？放眼望望我们的身边，有多少人像她一样夸耀着当年呢？都说“好汉不提当年勇”，为什么还有那么多人还在说呢？其实，就是因为他们在过去的时光里迷失了自己。

时间是一匹马。我们打马前行，如果不愿意睁开眼睛，我们就会错过身边的美好。马的奔跑，快慢不是我们所能掌控的，但是眼睛却是我们自己的，它能够给我们想要的风景。

几个朋友在一起喝茶聊天，大家都羡慕张老师文章写得好，尤其是回忆性散文，真切而传神，有直入人心的力量。张老师笑笑说：“我并没有比大家多走多少路，只是比大家看得多罢了。”张老师人生的经历很是复杂：他从小备受欺凌，当过泥瓦匠，烧过锅炉，在村里当过会计；后来，他有了钱，到乡政府当秘书，到学校教书。丰富的人生经历都沉淀成了源源不竭的写作素材，化成了他笔底下流动的风景。

时间是一匹马，骑在马上是一种常态，但有些人却因此觉得太过平常而不愿意去凝望自己的来路。我们都是独一无二的人，都有着自己独一无二的生活。你有什么必要去羡慕什么作家呢？其实，作家也不过是在用语言阐释自己对人生、对生活的理解啊，他们的文字里或多或少都有着自己生活的影子。这文字无论是写自己，还是写他人，都无一例外地向你传达着他曾经有过的生活或感悟。我们与其迷恋别人路上的风光，不如睁开眼睛看看自己眼前的景致。

时间是一匹马。它从平原，从高山，从大海呼啸而过。许多的烟雨苍茫，许多的青葱碧绿都被它记录，被它镌刻，被它收藏。在时间的马背上，我们不能妄想着从它的背上跳下来，那样我们会被时间抛弃；我们也不能无知地闭上眼睛，那样我们就会错过美好的时光。骑在时间的马上，我们要挺起胸膛，睁大眼睛，打开心窗，努力去寻找生活的美好，把它融入自己的血液，凝成自己最骄傲的骨骼。

人生悟语

一个人打马前行，时间会越来越硬，而我们的心却越来越软。当我们用柔软的心来拥抱那坚硬的时间的时候，不只是我们自己能听到血管里传来的嗒嗒马蹄声，更会把这一路铺成一道繁花满枝的绝美风景，让人凝望，让人驻足。

美好在路上

行走在这个世界，我们总在奔跑，在寻找。寻找什么，我们似乎知道，却总也没有满足的那一刻，似乎只有下一个才是我们人生追求的目标。于是，我们的视线里，有的是那高远的星星，有的是那山巅的苍鹰，有的是那彼岸的列车……

病中，躺在床上。人忽然之间慢了下来，再也没有了那寻寻觅觅，栖栖惶惶的疲累。生活在这一刻显出了本来的颜色——生活的美好本来就在路上，我们又何必去苦苦寻找？望着忙忙碌碌的妻子，一脸关切的母亲，有些淘气却也伶俐的女儿，我还有什么不满足的呢？人生最大的幸福不就是有一个温馨和美的家庭吗？母亲常说“美好在路上”，这小恙虽然有些不合时宜，但是它不也让我拥抱了生活中最纯真、最本质的东西吗？

“美好的生活在路上”这句话是母亲常念叨的。

小时候，爱倚在母亲的怀里看《上海滩》，精彩的故事让我每天都要把电视看完才罢休。可是，二十世纪七八十年代的农村停电是常有的事情。有时，你正看得投入，啪，电没了。我叹气着，诅咒着，在昏黄的灯光下焦急地询问着母亲：“妈妈，什么时候才能来电啊？”母亲总会用她宽大的手摸着我的头说：“别急，快了，电在路上呢！”母亲这么一说，我顿时生出希望来。几分钟，电还没有到，“怎么还没有来呢？”“快了，拐个弯就到了。”果然，不经意间，屋里亮堂起来，我又欢呼着钻到电视机前。

中考失利，我变得抑郁、消沉，常常无来由地发火。母亲不知从哪里知道我喜欢写作，把周老师请到了家里来鼓励我写作。周老师说我有写作天赋，我也就勤奋而勇敢地拿起了笔。也许现实总是冰冷的吧，一个多月的写作，竟然没有换来一个铅字的消息，我都怀疑自己是否有这方面的才能了。而母亲每次看到我焦虑，总是说：“别急，快了，稿费就在路上。”于是，我又拾起热情，拿起笔继续写作。也许真的是被母亲言中，第二天，我就收到了一笔6块钱的稿费。虽然不多，但却让我鼓起了奋飞的翅膀。

那年，二中招考教师。我做了充分的准备，考完之后，自我感觉良好。人还在车上，母亲就打来了电话，说，没考好不要有什么包袱，以后还有机会。我知道母亲是在担心我，就利落地回了她一句：“别急，快了，通知书就在路上呢。”母亲一听，乐了，“你这孩子，考得好也不要骄傲啊。”母亲虽然这样说，可是她的心一定也放了下来。后来，和母亲说起这件事，她还说我太张狂。

“如果你走得太快，灵魂跟不上了，你就要停下来等一等自己的灵魂。”这句话不知道是谁说的，但是它带给我的是一种别有情味的蕴藉。忙碌的生活，奔跑的脚步，满面的烟尘，浑浊的视线，迷失了曾经的自己，我们还从哪里寻找心灵的依靠呢？

慢慢走，在路上。生命的过往，有快乐，有忧伤，有甜美，有苦涩，不管哪种滋味，我们都应该去细细地咀嚼，慢慢地享受。美好的日子在路上，生活的希望在心中！放慢脚步，用微笑诠释生活，以豁达体味人生，我们才能感到生命中的一股力量，旅途中的一缕阳光。

人生悟语

每束阳光都有照耀的理由，每种生物都有自适的风流，小草从不做大树的期许，在路上，会有属于它自己的春秋。

平淡如水水如天

平淡，人们一提起它，第一个跳入脑海的就是水——寡淡而无味。为什么第一个闪现的是水呢？道理其实非常简单，因为它是常见不怪的，对着它我们的心里产生不了一点涟漪，就是放在手边也见怪不怪。你说这还不平淡吗？确实，平淡给人就是这样的一种感受——平常而简单，不能让人兴奋和冲动。日日见面，天天接触，于是平淡就在不知不觉中悄然出现在我们的面前，也恰如这日日相见的蓝天。无论我们有没有感觉它在，它总是立在那里，并没有因为我们是否注意而消失。

这就是平淡，这其实也就是生活。

年轻时，我们曾年少轻狂，做着志存高远的美梦，壮怀激烈地想要做出惊天动地的伟业，成为力挽狂澜的豪杰。我也曾为此不屑于平淡，不甘于平庸，在绚烂的梦境中狂飙，不管不顾。可是，当我还没来得及品味青春的滋味，岁月就将我远远地抛在了后面。每天上班，那些年轻人已经直呼我“叔”了，互相之间的称谓也无形中多了个“老”字。感觉还很年轻，我真的有那么老吗？看着镜子中的自己，头发黄而稀疏，皱纹细密，爬满了眼角，胡子也总是执着地炫耀着它的苍白。回望来路，虽然我也想抓住青春年华，可它留下了一行烙印就匆匆地逝去，嫩绿的生命开始奔向深黄的秋了。

追怀过往的烟尘，总是感慨万千。岁月的河流一去不回头，没有泛起什么炫目的浪花。人生平凡得就像在乡村小路上跋涉，走了很远，除了一行稀疏脚印的真实存在，没有惊天动地的跨越。年轻时理想的风筝还在空中飘舞，热烈的誓言还在耳畔萦绕，心有不甘，想追上，却发现时光已苍白，脚步已踉跄。再过十年会怎样？依然是如水如天般平淡。

平平淡淡才是真。记得有一位主持人说过：人的生活大体可分为三块，5%的快乐，5%的痛苦，还有90%的平淡。普通人的一生会受到5%的诱惑和5%不得已的痛苦，最后过上90%的平淡生活。平淡本来就是人生的滋味，那么我们何不控制自己的欲望，归于宁静，安于平淡呢？安静地生活，默默地工作，吃着粗茶淡饭，日出而作，日落而息，宁静安详地过完一生，不也是一种平淡的美吗？陶渊明当年毅然归隐田园，过着寂寞而贫寒的生活，却能精神愉悦地吟咏“采菊东篱下，悠然见南山”。我想，安于平淡就是一种参透人生的境界。

托尔斯泰说过：“欲望越小，人生就越幸福。”过着平淡如水的生活，我们就可以降低自身的欲望，抛开不切实际的幻想，贴紧坚实的人生河床，踏实稳健地向前奔涌。没有跃起的欲望，也就没有了不能跃起的无奈；没有了飞越的冲动，也就没有了无法飞越的痛苦……安于平淡是一副医治精神缺憾的良方。安于平淡，就能踏实做好工作；安于平淡，就能珍惜眼前幸福；安于平淡，就能心静如水，知足常乐；安于平淡，就能脚踏实地，明理识时……

“宁静致远，淡泊明志。” 只有安于平淡，方能从从容容潇潇洒洒过一生。安于平淡并不表示安于平庸，没有追求，而是要我们面对人生时要保持理智，洞悉自己和社会，以平常人的平常心态去体会平淡如水的生活。这样，我们的生命才能有着如水般的柔韧绵长，我们的胸怀才能如天空般辽阔广袤。也只有这样，我们才能在平常的岗位上成就不平凡，才能将平淡的生活舞出绚烂的烟花，才能实现自己的人生价值。我想，面对喧嚣的红尘，怎样过好平淡的日子，怎样度过平淡而充实的人生，这才是最真切的事情。

人生悟语

人生是个三角形。辉煌是三角形的顶尖，平淡是三角形的底边，辉煌总是一瞬，平淡才是永恒。我们只有将底边建设得厚实了，才能积累出它的顶尖，才能有夺目的辉煌。

因性格做出的选择，决定你的命运

我的性格内向文静，自卑懦弱，从不敢在人前大声说话，总是习惯于安静地待在一个角落里做一个忠实的倾听者。做什么事情，我从来不敢轻易表达自己的观点，更没有同龄的小伙伴那样神采飞扬、滔滔不绝的口才。

“你这样见人就脸红，将来怎么在社会上和人交往啊！”父亲看到我总是摇头。他脾气火暴，对什么事情都有着一种近乎偏执的认真和固执。我和弟弟只要有什么事情没有满足他的要求，他就会对我们大发雷霆，甚至是棍棒相加。

一次，我因为逃课去河里摸鱼，被父亲发觉了，把我打得腿上都是瘀青。母亲夺下了他的棍子，他还愤愤地说：“这么小的东西，就学会了撒谎，都是被你惯的。”他不但把我训了一顿，还把妈妈骂得泪水涟涟。我心疼着妈妈，怨恨着父亲，就是说不出来，只是瞪着眼睛望着他，表达着不满。

在父亲严厉的目光中，我变得谨小慎微，害羞内向。就是自己的观点正确我也不敢理直气壮地说出来，完全没有他人满满的自信、飞扬的神采。和人交往总是要说话的啊，于是我鼓起勇气报名参加了一个演讲比赛。

比赛前，我做了精心的准备，在家里对着镜子练习了四五天，在母亲面前演讲收放自如。同学们都说，我的稿子写得精彩，肯定能拿一等奖，但是结果却让大家大失所望。一到舞台上，面对着黑压压的人群，我像掉进了深井里，紧张得连呼吸都不顺畅了。我努力想让自己平静下来，就是做不到，连演讲什么都完全忘记了。

性格决定命运，看来这一生我是没有什么希望了。那种说不出来的沮丧和懊恼压得我有些透不过气来了。

人在孤独和寂寞的时候，总希望找到一个发泄的出口。交往不行，演讲也不行，那就学习吧。那些日子，我一门心思都放在学习上，兀兀穷年，不眠不休。同学和老师都说，我执着坚韧，是一个做学问的料。我自己也渐渐地找到了一些自信，

更忘我地投入到自己喜欢的生活中去。

参加工作之后，我依然固执地坚守着自己的性格——安静地做事，认真地做事，心无旁骛。没有想到的是，我这个不善交际，木讷口拙的一个人，竟然也能受到领导的赏识，做起了艺术总监。沉得下心来做事，永远追求完美，把每一个细节都考虑周密，这是你最让我放心的地方。听着领导的评价，我忽然发觉自己的性格也有着别人所没有的优势。

性格决定命运这话没有错，只是我当年的理解错了。每一种性格都有着它的优势，无所谓好坏优劣。这就像一座山峰一样，横看成岭侧成峰，关键在于我们怎么看。比尔·盖茨能够成就微软天下，却不能成为巴菲特；爱因斯坦能够笑傲物理学界，却不能成为魏茨曼；乔丹能够成为篮球巨人，却不能成为史泰龙……比尔·盖茨、爱因斯坦、乔丹都是内向型的性格，但是谁又敢说他们不成功呢？

人生悟语

性格是一种无形的资产。只要我们扬长避短，选择适合自己性格长处的事情去做，就一定能迎来我们期望的成功人生。而这因为性格做出的选择，其实就决定了你一生的命运，不是吗？

幸福从读懂自己开始

幸福是大而宽泛的话题。当别人问你幸福吗？很多时候，我们都会像莫言一样回答“不知道”。真的不知道？也许是。但是很多时候，我们确实不知道自己是否幸福。去年，加拿大兰德斯塔德公司的一个调查显示：高达84%的人认为自己大材小用了。其实，他们中相当一部分人根本就没有认识到自己到底有怎样的能力，适合怎样的工作。简言之，就是他们根本没有读懂自己。一个连自己都没有读懂的人，怎么去读他人、读社会，怎么从社会中去找寻到属于自己的幸福呢？因此，我要说，你要幸福，就请从读懂自己开始。

“你在桥上看风景，看风景的人在楼上看你。”读别人容易，读自己难。我们生来是用眼睛看世界的，对世界往往看得真切；而看自己隔着镜子，往往模糊而失真。而且，人都有趋利避害的心态，都喜欢用放大镜看优点，用望远镜看弱点。人贵有自知之明，把自己泡在肥皂泡里的人，连真实的自己都不愿面对，他还能读懂自己吗？一个连自己都读不懂的人，他会幸福吗？永远不会。即便有瞬间的幸福，那也是沙上的水滴，照不到一个太阳的。

读懂自己，要有自知之明。“尺有所短，寸有所长。”任何人有优点，也必然有不可回避的缺点。有时，我们认为正确的做法，换个视角或许就不正确了。海明威选择自杀，在他自己看来这是正确的，因为他对世界没有了眷恋；但从珍爱生命来看，这不就是一个荒谬的选择吗？

我们只有有了自知之明，才能科学地评价自己，塑造自己，追求自己的目标，量力而行。只有这样，我们才能在自己成功的时候总结教训，在失败的时候寻找经验，不悲观，不骄纵，始终保持着一颗理性的头脑，敏锐的眼光。郭明义读懂了自己，在平凡的岗位上，默默奉献，不言得失。最终，他不也成了时代的楷模吗？我们读懂了自己，量力而行地追求人生目标，坚持自己的人格和尊严，同样能寻找到自己的幸福。

读懂自己，需要有自省精神。人非圣贤，孰能无过。我们每一个人都是在不断地犯错，纠错，再犯错，再纠错的反复中进步的。“吾日三省吾身”，这样的反省有些严苛，但是我们也不能不反省。我们的成长，每一个过程都有咀嚼的价值，我们应该学会在奔跑中反思。

不假道具，不问成败，边梳理边阅读，用曾经的得失来观照今天，用往昔的缺憾来警示未来。这样能使我们沉迷时变得清醒，贪求时变得淡泊，软弱时变得坚强，骄纵时变得谦逊，颓丧时变得积极，愁苦时变得欢快。使我们的身心得到释放，这种安然、平静不也是一种满足的幸福吗?

自省有时需要我们有刮骨疗毒的勇毅和果决。人生的风雨总是多于彩虹。我们在面对逆境和打击的时候，总会滋生出逃避和畏难的心理。这时就需要用勇气去面对，以毅力去抗争。如果这个时候当了逃兵，恐怕我们一生都会生活在失败的阴影中。老舍不堪迫害而投湖自尽，至今还令人慨叹；而亨利·福特两度破产不愿屈服，成就了汽车神话。因此，我们任何时候都不能沉沦于窘境而不能自拔，否则就会被社会淘汰。

幸福从读懂自己始。我们只有读懂了自己，才能明确自己的人生定位，才能形成积极的人生价值观。陶渊明为什么能够安贫乐道，范仲淹为什么能够不以己悲。其实就在于当他们有了明确的人生定位后的平淡心态。于利不趋，于色不近，于失不馁，于得不骄，这样的超然宁静，还有什么不能获得人生的幸福呢?

人生悟语

德国作家尚·保罗这样说过：人生就像一本书，傻瓜们走马观花地随便翻阅它，聪明的人用心阅读它。读懂了自己，我们就懂得了舍弃，就会珍惜拥有、学会宽容，就能发现幸福并找回快乐，永远拥有一份好心情。这种境界还有什么能够比拟的呢?

一分钟温暖一个人

一分钟很短，但是表达的内容却很丰富。因此，我们要经常回头望望它的长度。

走在路上，冷不丁会从旁边冒出一句“您好，先生。耽误您一分钟”。不用去看，我就知道那是刚走上社会的大学生在做着“社会实践”——通过促销免费体验的商品来接触我们的社会。

面对这个一分钟，你是怎样表现的呢？是一个白眼，是一句对不起，还是视而不见呢？我们不同的选择，其实就让大学生们感知了社会的冷暖。

对于为什么选择漠视或者逃避，很多人都会说他们的烦人难缠——你给了他一分钟，他就唠叨没完，还会把你忽悠到促销地点。这人与人之间是相互尊重的吧，这样没完没了，脾气再好的人也受不了。

这话说得确实没有错，但是我们能不能从另一个角度考虑一下：他们都是刚刚走出校门，鼓起勇气踏进社会的大学生，我们是不是应该给予他们一些鼓励和掌声呢？每个人都有被肯定的心理需求，更何况是这些涉世未深的年轻人了。

我们如果给他们一分钟，他们就能有信心去争取下一分钟。对于他们，我们为什么要这么吝啬呢？

坐在家里，女儿突然向你喋喋不休地说着她自以为得意的事情。她在班上帮同学扫了地，得到老师的表扬；在同桌的座位上沾了502胶水，让他出了丑……

对于她的眉飞色舞，你会怎样对待呢？是转身倾听，还是充耳不闻呢？我们这不同的选择里，其实就体现了我们教育子女的方法。

孩子才开始走自己的人生之路，他们的人生观和价值观都还没有完全形成。他们就像一块原石一样，需要不断地雕琢、打磨，才有可能成为一块价值不菲的璞玉。孩子就是这原石，他们的世界里没有多少是非对错，需要我们去给他灌输和建设。

我们如果给孩子一分钟，他们就能明辨是非，在下一个一分钟就会懂得有些事不能做。对于孩子，我们为什么就不能倾听一分钟呢？

对于父母，心里总是说很长时间没有看到他们了，不知道他们怎么样了，但是到了门口，却又一分钟不能耽搁地走了。给父母一分钟怎么就这么难呢？是工作太忙，是生活太累，还是心里没有他们的位置呢？

工作忙，端个饭碗跑一下，不就够了吗？生活累，累成了陀螺，也还有喘气的时候呢。我想，恐怕还是自己的心底没有父母吧。

我这样说，或许有不少人要跳起来。是啊，谁的父母谁不懂得孝顺呢？但是，父母需要我们什么呢？只要我们停留一分钟和他们说说话，他们就知足了——他们心里装的就是我们是长胖了，还是瘦了，我们怎么就那么残忍呢？

一分钟很短，却又很长。一分钟的鼓励，一分钟的聆听，一分钟的停留……这一个个一分钟串起了我们美好快乐的生活。

人生悟语

无论你是千万富翁，还是平民百姓，我们都应该珍惜这个一分钟，张开笑脸，停下脚步，给走过我们身边的每一个人一分钟，让他们感受到生活的阳光。

给自己一片悬崖

她出生在苏格兰北部的一个小农场。8岁开始学习弹钢琴，并且表现出了极高的天赋。周围的人对她大加赞赏，她也对音乐充满了热爱，立下了以成为打击乐独奏家为终生理想的信念，尽管当时并没有这样一类的音乐家。但不幸的是，她的听力却在不断地下降，医生宣布，她的耳朵在12岁时会彻底聋掉。

这致命的神经性损伤，让她痛苦万分。她的家人和老师也希望她改变自己的初衷，把她送进了聋哑学校。没有了听力，就意味着音乐生命的彻底结束。面对这众口一词的反对声，她却毫不退让，坚持要学，她嚷着："我已经决定了，就一定要实现自己的音乐梦想。我绝不会被任何人的意见所左右。"

但是，一个有听力障碍的人，怎么来感知外界的声音呢？最初的学习是艰苦的，也是枯燥的。她请老师打出不同的音符，她用手掌扶住墙壁，以体会不同音调的鼓声在掌心不同的震感。眼睛和手本来就有着一段距离，而现在还不能借助听觉来感知，只借助于手，这对她的信心是一个有力的挑战。上天

也怕横着走的人，经过一年多的努力，她竟能够“听懂”老师打击的曲子，并能够准确地表现出来。当她第一次完美地演绎出一支曲子的时候，她哭了，因为她已经走出了那个黑暗的世界，她也能够用自己的音乐来表达自己的喜怒哀乐啦。

有了第一次的成功，她心中的理想又被点燃了，她决心要成为一名真正的音乐家，而不是一名有生理缺陷的音乐家。她开始尝试着动用各种手段来“聆听”音乐。除了用手触摸，她还通过双腿的膝盖夹住录像带来感知音乐震动；演奏的时候，她干脆只穿着长袜，通过身体和想象来捕捉每一个音符……她几乎动用了所有的器官来感受来自外部世界的音乐。

在不断地挑战自我，锤炼音乐的同时，她向著名的伦敦皇家音乐学院提出了申请。一个耳聋的人申请成为音乐学院的学生，这不是滑天下之大稽吗？她的申请一经提出，就遇到了很大的阻力，许多老师反对接受她入学——因为从来没有一个耳聋的人进入过音乐学院学习。

她也知道自己的申请可能被拒绝，但是她更知道自己学音乐就是在悬崖上跳舞，是没有退路选择的。两个多月后，她终于等来了表现自己的机会。她的演奏征服了所有的老师，她顺利地入了学，并且在毕业的时候荣获了学院的最高荣誉奖。

“音乐对我而言就是生命，不会因无法由某种方式传达而就此消逝，我将永远是一个乐者。”毕业之后，她不断地挑战自我，成了苏格兰聋哑音乐学者，英帝国女爵士，世界上第一名女性打击乐独奏家。

她是谁？她就是《美好的震动》的作者伊芙莲·格妮，一个始终站在悬崖上跳舞的伟大女性。

人生悟语

每个人身上都蕴藏着巨大的潜能，要想攀上人生的顶峰，我们就要敢于激发潜能，挑战极限。莎士比亚说：“我们的疑虑使我们害怕尝试，它是心灵的叛徒，出卖我们可能获得的成功。”你认为你能，你就能。你还担心不能成为伟大的自己吗？

活出你自己

前两天，在网上看到一位网友大发感慨，这人活得要像潘石屹那样才叫滋润。潘石屹是谁，大家都知道，可是又有几个人能够活得像潘石屹呢？恐怕没有几个。

潘石屹挑砖，我们没挑过；潘石屹承包窑厂，我们没干过；潘石屹炒楼，我们没做过；潘石屹创办SOHO，我们没想过……他冒险的时候，我们正安逸；他打拼的时候，我们正温暖；他苦恼的时候，我们正快乐；而当他发迹的时候，我们有什么理由说自己没他滋润呢？就像《楚天金报》报道中说的那个26年前和潘石屹一起挑砖的工友一样：你享受着你的享受，幸福着你的幸福，虽然没有别人站得高，但是你活成了真实的自己，这不就够了吗？

成功的人生没有固定的定义。我们如果能够认清自我，把自己定位在正确的位置上，并在奋进中持续不断地发现自我，这就是成功。用世俗的眼光看，那位工友是一个失败者；但是从获得的角度而言，他也是一个成功者。他没有逃避自己的责任，没有抛弃自己的人生，他不也同样经历了人生的历练吗，不也在风雨中磨炼了自己吗？

我们都是普通人，我们都有一颗平凡的心，都向往着安逸，向往小幸福，这有什么错吗？没有。既然没有错，那么我们向着自己梦想的目标奔跑，并一路收获着，这不也是一个多彩的人生吗？孔子的人生精彩，谁又能说庄子的人生就平淡呢？是人就要做好真实的自己，走好自己的人生，这是谁也不能逃避的现实。做好了真实的自我，谁又能有什么资格来贬低我们的价值呢？

当然，是人都有一颗虚荣的心。仰望塔尖上的人们，羡慕是免不了的，但是千万不要迷失了自己。做人一旦迷失了自己，就会丢掉良知，就会丢掉朋友，就会失去道义，结果就是对自己失去了信心，而成天生活在痛苦之中。当我们有那个时间去痛苦的时候，你是否想过你这样做的意义？除了折磨自己，让自己痛哭流涕，再也没有第二个价值。老鹰能翱翔天宇，青蛙只能留恋水塘。而当青蛙咬着木棍随着老鹰飞上蓝天的时候，它虽然得到了片刻的欢乐，但不也把自己带进了万劫不复的地狱吗？

认清了自我，明确了目标，还要肯定自我，并敢于为实现自身的价值而努力。罗森塔尔博士就曾经在哈佛大学做过这样的一个实验：他随机挑选了3名教师，告诉他们说："你们是学校最优秀的教师，因此，我们挑选了100名全校最聪明的学生，希望你们三个能够让他们取得更好的成绩。"结果这三个班的学生成绩在整个学区排在前列，而实际这100个学生也是随机抽取的。这3名教师为什么能够做到这一点呢？其实，就在于他们敢于肯定自我，并且尽了自己最大的努力去实现自我价值。

人生悟语

没有人会是别人的影子，也没有人愿意成为别人的影子，在这个强调个性的社会中，我们都是唯一。既然如此，我们还有什么必要去痴想着成为他人，劳心劳力地模仿着他人呢？活出你的精彩，活出你的人生，你就活成了你自己。

爱那个站在你身后的人

一个设计师，她设计的时装走进了米兰春夏时装周，在时装界声名鹊起。他的老公很普通，是一个小公司的职员。每天，男人为她做饭、煲汤、洗衣。她回家，他还为她放好洗脚水，给她捶背。

这样一个有才、有貌、有地位的女子怎么甘心嫁给一个只能骑着自行车上班的男人呢？有钱的来了，有权的来了，有势的也来了，但是她不心动。她只是对着那些人淡淡地说：“你如果能够给我煲一碗我爱喝的汤，给我放一盆温度正好的洗脚水，给我轻轻地梳一回头，这些事也许你能做一次，当你做一次的时候也许我也会感动。但你能一辈子做下去吗？他能。”

她知道自己虽然在事业上风生水起，但自己还只是个小女人，需要他的呵护和包容，她觉得这就是自己最大的幸福。

不久，一场灾祸更是验证了她对爱情的看法。婚后一直没生孩子的她被查出子宫病变，需要切除子宫。在那些艰难的日子里，她度日如年，吵着闹着要离婚。她说她不能拖累他，他家三代单传，她不能让他生活在绝望之中。而那个男人这时才真的是个男人，他每天和她待在一起，和她一起回忆过去的时光，畅想美好的未来。他告诉她："你是我的唯一，没有孩子我们会爱得更真更深。有没有孩子并不重要，重要的是你在，我在，我们能够在一起。"

她哭了，她知道他是真心的，她没有看错他。现在，他们抱养了一个女孩，一家人幸福地生活在一起。

她常常说，爱一个人就要爱他的全部。无论他高贵还是卑贱。

但是这个道理并不是人人都能懂，许多人找到了爱却不知道珍惜，最终只能错过爱。

我的一个邻居，大学毕业后和同学结了婚。为了走出经济

困境，他开了一家公司。有了钱之后，他第一时间和原配离了婚。尽管妻子苦苦哀求，但是他却不为所动。为了摆脱妻子，他带着新欢去了另一个城市。

也许是命运弄人，第二年，他的事业遭遇了滑铁卢，赔得倾家荡产。新欢摇摇头离开了，只留下了身无分文的他。他想到了自杀，这时却接到了前妻的电话：“你不能死，不是我想你，而是我的孩子不能没有爹。”

前妻已结婚，他彻底失去了那个站在身后的人。前妻和丈夫一起安慰他，帮他贷款、拉项目，没有她就没有今天的他。

爱那个站在你身后的人吧！他也许不能给你带来花前月下的甜蜜或者浓情蜜意的浪漫，但是平常的爱情里却有着风雨同舟的坚守和举案齐眉的和谐。夫妻的生活就在柴米油盐之中，它始终是浸润在一点一滴、一举手一投足的欢喜里。所以，当有人愿意站在你身后时，请你抱紧他，好好去爱。

人生悟语

爱从来没有什么高下之分，我们为什么要被别人的目光所左右呢？当他无私地站在你身后的时候，你更要回过身抱紧他。这样，你们才能笑对风雨、共度人生。

做一粒柔沙，磨光青春路上的顽石

炎热的天气里，人就像浸在水里一样，还没有出门就满身流汗。这天真不是人过的，心里正痛苦着，视线却落在街边的一对母女身上。四五岁的小姑娘望着冷饮店，扭着身子晃来晃去，泪水盈盈就是不愿意挪步。母亲穿着时尚，不像是一个吝啬的主儿，也许是怕冷饮伤了孩子身体吧。母亲绷着脸拽着女儿要走，小姑娘噘着嘴，犟在那里。孩子毕竟小，哪里撑得过母亲，一滑步，“哇”地哭出了声。母亲待了一阵，笑着蹲下来，把女儿揽进怀里，温言软语的不知说了些什么，也许是冷饮不利于健康之类吧。一会儿，小姑娘破涕为笑，拉着母亲的手摇晃着走了。

小姑娘也算硬气了，为了达到目的又哭又闹，可是母亲的一两句话就轻松地换来了幸福的微笑。看着她们轻快地从面前走过，我会心地朝她们笑笑，不由得想起自己的两个同事来。

一位男同事是单位的技术骨干，也许是自视甚高吧，整个少爷派头。上班从来没有准点，只要他不满意了还不愿意来；

要交罚款，更是从来没有。领导拍着桌子警告他，他却指着领导鼻子叫嚣，我们看着，都为领导叫屈。后来，这位男同事不仅不迟到了，还经常加班到深夜。“人心都是肉长的。你对他笑，他不也对你笑吗？我没做什么，也就在他迟到时给他倒了一杯茶。”是啊，人敬我一尺，我敬人一丈。问题是闹出来的，工作是做出来的，人心不也是捧出来的吗？

我的一位女同事就深谙其道。她的丈夫性烈如火，单身的时候，稍有不如意就横眉立目，同事遇见他都唯恐避之不及。可是，这位一碰上他的另一半就没了一点脾气，至今连一个指头都没落到妻子的头上，在单位里也渐渐赢得了名声。“石头一砸就碎，气球你能摔碎吗？他生气，你微笑；他跳脚，你端凳；他叫嚷，你送水……他还能蹦起来吗？”是啊，有了她这

让人嫉妒恨的体贴，还有怎样的铁不被融化？

曾看到过一篇这样的故事：老子的老师常枞病重，老子前去看望。老子问老师有什么遗教。常枞张开嘴给老子看了看，问道："我的舌头还在吗？"老子说："当然还在。"常枞又问："我的牙齿还在吗？"老子说："早就没有了。"常枞又问老子："你知道原因是什么吗？"老子回答说："那舌头所以存在，岂不是因为它是柔软的吗？牙齿不存在，岂不是因为它是刚硬的吗？"

细流能穿透大山的胸膛，空气能销蚀金属的坚骨，柔沙能磨光顽石的棱角……生活中，每个人都不愿意轻易改变自己的看法，那么怎样才能让他人接纳你、善待你呢？这时，我们就要有"人好刚，吾以柔胜之"的意识，以微笑去面对，以毅力去坚持，以温暖去播种，还有什么顽固不会被融化呢？

人生悟语

人有顽固，要善化为诲，如忿而疾之，是以顽济顽，干戈生矣。平和待人者，脚下的路万千条；而针尖对麦芒，则唯有干戈一桥可通。这孰是孰非，不言自明。无怪乎庄子曰：太柔则靡，太刚则折；刚自柔出，柔能克刚。

你若退让，便是美好

张飞在一家饭店打工，嫌工资低不干了。他跑去找老板讨要20天的工资。老板说他有两天没上班，只给18天的工资。他认为那两天是正常休假，不该扣自己的工资。张飞在下班时拦住了老板，老板并不同意，张飞抓住他的摩托车座架就是不相让。老板开着摩托车就走，把张飞拖了四十多米。结果张飞成了植物人，躺在医院里没了意识；而老板砸进了十几万还看不到尽头。

看着《第一时间》，我被这则新闻惊呆了。两天工资最多200元，有必要这样针尖对麦芒吗？如果有人先让一步，就不可能弄到两败俱伤，不可收拾的地步。

退让是一种必要的修养。人的挫败感往往是在自认为受伤或者吃亏时产生的，并由此腾起无明业火或者心生报复，这往往是我们忽略了反省造成的。遇到问题，如果我们想一想，它是由什么引起的，自己有没有过错，争会有什么结果，让又会有怎样结果……这时，再看它，你就会发现矛盾没那么尖锐了，怒气也会渐渐平息。

面对得失荣辱，学会退一步，你不但会对自己释怀，还会善待他人。《弟子规》有言："财物轻，怨何生；言语忍，忿自泯。"把钱财看轻一点，就不容易怨恨；对别人的言语多些宽容，就会少很多愤怒。心胸宽广了，能容能让了，还有什么样的山不能跨越。

退让是一股迂回的力量。"手把青秧插野田，低头便见水中天。六根清净方为道，退步原来是向前。"布袋和尚这首诗对退让做了形象化的说明——退让表面看是在后退，其实它是在后退中向前。

马尔辛利刚出任美国总统时，指派某人担任税务部长，却遭到许多国会议员反对。他们派出代表拜见马尔辛利，当面辱骂他。马尔辛利始终一言不发，等到谩骂结束了，他才温和地说："你讲完了，怒气该可以平息了吧！照理说你是没有权利这样责问我的，不过我还是愿意详细地给你解释……"短短几句话就让那个暴怒的议员懊悔万分。等到他回去汇报时，他只是说："我记不清总统的全部解释，但有一点可以报告，那就是——总统的选择没有错。"

这就是退让的力量。让步看似软弱，但是却能以柔克刚。因为退让里有一种真诚接纳的态度，是一种宽容和尊重。所以，当矛盾突现时，如果双方各让一步，就能化干戈为玉帛，换得和谐共赢的局面。

退让是一种非凡的智慧。封建时代，功臣总是难以善终，但郭子仪却是一个例外。他凭什么做到这一点呢？退让。权臣鱼朝恩派人挖了他祖坟，他没有借机报复，而是对着皇帝哭诉道："臣可能因为长期在外主持军务，部下众多，治军不严，下属摧毁别人坟墓的事是常有的。这是为臣的不忠不孝，招致老天的谴责，不是人患所造成的。"他任命了一个州县长官，代宗却不批准。部将们都为郭子仪鸣不平，但是他却大笑，"你们不知呀，皇上之所以将我和节度使区别对待，是因为节度使手里有军队，不答应他们的要求怕他们造反呀。而对我却不担心，那是将我当成心腹呀。"这样的忍让，还有谁能寻找到击垮郭子仪的手段呢？

退让是成熟睿智的气度，是一种非凡的美。如果我们对芝麻小事睁一只眼闭一只眼，不去斤斤计较，我们就能远离狭隘、自私、顽固，获得坦然、淡泊、悠远；如果我们立足于全局，放眼于未来，我们就能过得太平轻松、安稳自在，拥有自己美好的生活。

人生悟语

生活中，忍让无处不在，无人不需。不能忍让的人往往害了别人又毁了自己。我们常说，忍一时风平浪静，退一步海阔天空。为什么事到临头就忘了，退让也是一种美好呢？

Part 03

智慧照亮梦想时光

培根说：只有愚者才等待机会，而智者则造就机会。生命只有一次，我们怎样才能抓住这仅有的一次生命，做一个幸运者呢？我们能做的就是用自己的智慧来创造，来充实白纸人生。

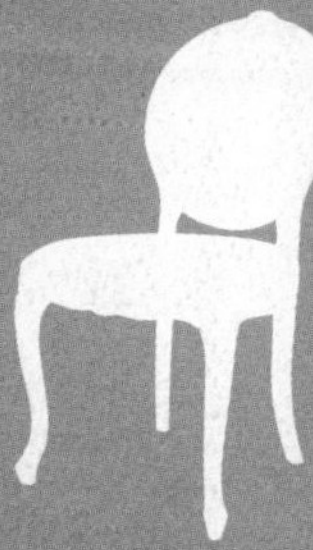

03

抓住机遇，绽放青春

谁也没有想到，上班还没有三年，赵功成就成了一家连锁面包店的店长。同学会上，我们都羡慕他似锦的前程。

在学校里，赵功成不显山不露水的。我们忙着逛街谈恋爱，他泡在图书馆里；我们听讲座坐在后排，他始终坐在第一排；我们毕业到处找工作，他已经考取了研究生。他工作的时

候，我们已经工作了三年，但是怎么还是被他给挤下去了呢？

“兄弟，机会总是给有准备的人啊。”对于同学会上大刘的老生常谈，我们嗤之以鼻，但他接下来的话让我们彻底没了脾气。

赵功成刚入职的时候，也只是无名小卒，每天做着那枯燥而单调的工作，但是他却并没有表现出厌烦和焦躁。每天，他抢着做那些琐碎的事情，把商品摆放整齐，把地面收拾干净，给其他人泡一杯茶，然后才开始一天的工作。

一天，一个顾客找上了门，说是面包过期了，孩子吃坏了肚子，要求赔偿。当时店长不在，他就主动承担起了责任，微笑着耐心解释。但是，顾客却并不买账，一块面包砸在他的脸上，他成了顾客的出气筒。直到那顾客满意地离开，他才长舒了一口气，而事后他却在出租房里哭了。

又一天，公司让他策划一个展销会。他还真就把这件事当成了大事，熬了几个晚上才准备好了策划案。这样的准备应该充分了吧。可是在上交了公司后，他却又把它要回来修改了两次。“这策划案也不是绣花，有必要这样精益求精吗？”面对着质疑，他却郑重其事地说：“要做就要做到最好，不然，还不如不做。”结果，展销会取得了出人意料的成功。

同学们聊着他被器重的原因，但是他却认为自己能当上店长是因为专业上的优势。也许他当上店长有着专业上的优势，但是这样的机遇又绝不是只有一个专业优势就可以的。明显地，在他的公司里，比他学历高的、资格老的人有很多，为什么别人没有得到这样的机遇，而他却能够得到呢？

我们都希望得到机遇的垂青，但是却忽视了机遇也是有前传的，它也需要我们做充分的准备来迎接它。洛克菲勒是石油大亨，如果不是每天看着焊接机并认真地改进它，他能获得机遇吗？凡尔纳是科幻小说之父，如果不是15次退稿的累积，他会敲开机遇的大门吗？潘石屹是SOHO中国的董事长，如果没有当年辞职下海的商海搏击，会有机遇砸到他的头上吗？

现在，很多人做事情都喜欢追求一个效率，我的付出值不值得，我的付出能不能得到回报。值得的就做，不值得的就不做，宁愿让自己闲着也不愿意做那看不到结果的事情。其实，生活中的许多事情并不能简单地用看得见的目标来衡量。一个人如果在平常无监督的情况下，都能以高标准来要求自己，当他形成了一种习惯之后，机会一旦来临，他自然就能够免费入场了。

没有机遇无前传，抓住机遇，绽放青春。

人生悟语

当我们在为没有机遇而怨天尤人的时候，我们有没有为机遇的到来做些切近而扎实的工作呢？世间从来没有多少真正的幸运者，我们所要做的应该是做一个创造者，踏实做事，认真做人，创造机遇产生的条件，机遇自然会来临。

善待他人就是善待自己

近读《现代快报》，看到一则新闻：一日傍晚，浙江义乌稠城街道银海路，一辆运沙货车发生侧翻。贵州人胡顺成从外面往家赶，听说有孩子被压在沙堆下。他要去救，同伴叫他不要惹麻烦上身，他思忖片刻，毅然伸出援手。很快，孩子的脸露了出来，他赫然发现自己救下的竟是女儿小玲。他双手合十，虔诚地感恩——上帝真是厚待自己。

真的是上帝善待那位爸爸吗？当然不是。如果当时他看到不伸手，还会有今天大团圆的结局吗？记得有一位哲人说过：善待他人就是善待自己。他正是因为用一颗真诚的心善待他人，才有了上帝还他一个活蹦乱跳的女儿的回报。

心底无私天地宽。善待他人可以说是一个人必备的美德。与人为善，缘于一种自信，是品性高尚的一种表现，是智者心灵的一种沟通，是仁者宽厚的一种展示。生活中，一个人，只有懂得善待他人，才能赢得他人的友谊和尊敬。阿姆斯特朗和奥尔德林同时登上月球。阿姆斯特朗因为一句“我个人迈出了一小步，而人类迈出了一大步”而家喻户晓，而奥尔德林却籍籍无名。一次，一位记者提出了一个尖锐的问题：“阿姆斯特朗因为第一个登上月球而扬名世界，作为同行者，你是否感到遗憾？”他笑笑：“可是大家不要忘了，返回地球时我是第一个从外太空登陆地球的人！”一句轻松幽默的回答赢得了雷鸣般的掌声。

同样的付出，不一样的回报，确实让人心怀不平，但是这又有什么呢？世间有多少事是绝对公平的呢？学一学奥尔德林吧——放下得失，善待他人，分享快乐，还有什么比这更让人折服的呢？

权重位高的人，也只有善待他人，才能赢得民心。齐桓公善待几欲置自己于死地的管仲，成就了春秋霸业；曹操善待臣下，焚毁了通敌袁绍的书信，统一了中原；刘秀善待降将，保留了他们地位和权势，复兴了汉朝……哪一个立国的君王不是善待他人才成就自己的呢？

美国有一句谚语是“林肯的真诚与宽容”。是什么让它成了流传不衰的谚语呢？南北战争时期，林肯欲任命嗜酒如命的格兰特将军担任统帅，却遭到斯坦顿等人坚决反对，还嘲讽林肯是“笨蛋，老憨，长臂猿……”。但是，林肯不为所动，依然善待斯坦顿，委以重任。正是他以国家利益为最高准则，容人、识人、用人才取得了南北战争的胜利，赢得了美国人民的信赖和尊重。

野马因为吸血蝙蝠在脚上吸血不舒服，又无法把它赶走就暴跳起来，活活被折磨而死；而蚌没有因为沙石进入了体内无法排出而怨天尤人，用体内的营养层层包裹，成就了美丽的珍珠。相似的境遇为什么结果会迥然不同？只不过是它们在面对伤害时选择的不同罢了。

做一个与人为善的人吧。它能让我们的人生更充实、更美丽！

人生悟语

孟子曰："君子莫大乎与人为善。"做人，遇到的事情如果不是伤害人格尊严的事情，有什么不可以一笑而过呢？与人为善，不是为了回报，而是快乐自己；善待他人，不是为了博得名声，而是成就自我。这不是善待他人的美好所在吗？

给别人开一扇窗

早起，看《新闻早八点》，被一则新闻怔住了：一妇女带孩子坐公交，孩子要吐。妇女央求旁边戴墨镜的小伙子把窗户打开，但是他却哼着音乐，置若罔闻。旁边一个站着的小伙子帮着妇女说墨镜男，墨镜男突然发飙，站着的小伙子三两下就把他撂倒了。多小的一件事，就因为一扇窗，戴墨镜的男子被人打落两颗门牙，还被众人指责。有什么必要呢？给别人开一扇窗，不也是为自己开一扇窗吗？

给别人开一扇窗，也是为自己开一扇窗。这个道理浅显明了，但并不是每个人都懂。我的同事小江就因为不懂这个道理而如今还在懊悔。

大学毕业，他和朋友赵云在同一家公司做营销。一天，小江接到一个任务：给公司新的年度营销方案做评估。这对于专业出身的他来说，简直是小菜一碟。他拿到方案就回了家，租住在一起的赵云让他先去市场上调查一下，他却不屑一顾。结果，提交方案后，他被领导冷着脸训了一顿，方案也转到了赵云手上。小江很是恼火，他疑心自己是被赵云黑了。还有一次，公司派他去上海和一个大客户谈判。赵云提醒他，对方是老客户，最好给最低价。他却笑赵云天真。商场如战场，谁不想多赚钱？这次，他又把事情做砸了，被调出了营销部，而赵云却因为业绩突出当上了营销主管。从那以后，小江始终认为赵云是伪君子，和他对着干，找理由拒绝任务，到处散播他的谣言。小江因此被公司解聘。

一年后，小江才知道自己冤枉了赵云。做评估，是公司的决定，赵云是新手，他没有话语权；谈判失败，赵云说尽好话，才避免了被开除；拒绝任务，赵云在背后顶着，才让他多留了几个月；失业期间，赵云还以小江的名义给他父母寄钱……多好的朋友啊！这感叹有什么用呢？当你关上面向朋友的那扇窗时，就应该知道这样的结果啊。

给别人开一扇窗，还能获得事业上的成功。在有些人的眼里，对手即敌人，但是楼仲平却不这样认为。当年，亚洲爆发金融危机的时候，小企业倒闭，大企业亏损。大家都在努力自保以渡难关，而他却一面用收购和加盟的形式吸收弱小企业，一面拿出所有的积蓄免息借给几个较大规模的企业。

你说这人是不是疯了？他没有。第一项措施使他壮大了自己的企业。现在，他的公司生产的“双童”吸管占有30%的世界市场；而第二项措施则培育了义乌吸管产业，使它成为吸管产业聚集区。试想，如果当年他没有那样的气魄，他能把企业年纯利润做到今天的2000万吗？如果当年他没有那样的眼光，他能把义乌培育成吸管制造中心吗?

现在，社会上许多人都爱斤斤计较，睚眦必报，似乎每个人都是他的敌人。这样的心理和做法是完全不可取的，因为你折磨、伤害他人，受伤害的往往还有你自己。世界是个大集体，我们只是其中一分子。当你为人打开一扇窗，你才能看见窗外的温暖与和谐；而当你无情地关上窗户，除了阴暗和仇恨，你还能看见什么?

人生悟语

你爱别人，别人才会爱你；你爱生活，生活才能还你以笑脸。朋友，你想活在热爱和美好的世界里吗？那就请你为别人开一扇窗吧。

善良是一束光，照亮世界的一角

我们喜欢看到大善，因为它感天动地，撼人心魄，有着直入人心的力量。这样的正能量谁都乐于看见，而生活中没有那么多大善，多是微小如尘的小善。一念之善虽然微小，但正是因为它，我们的生活才变得美好，我们的身体才变得温暖，我们的灵魂才变得充实。

那天中午，和张正丰到快餐店吃快餐。里面没有多少人，还空着几张桌子。我打了饭和菜准备到空桌子上去吃，他却把我拉到一个杯盘狼藉的桌子前。这么脏，怎么吃？我跑开了，而他却安然自若，吃得风生水起。回单位的路上，我忍不住问他，为什么不选一张干净的桌子坐。他笑笑，说，我选别人用过的桌子，服务员不就少擦张桌子吗？

到饭店去就餐，一般人不会考虑服务员是不是劳累的。我们去消费就是为了享受他们的服务，他们为我们服务理所应当，而我们却恰恰忘记了理解、同情和爱护。张正丰做的这件事很小，但是他却是发自内心的真诚和善良，谁看了会不感动呢？

一次，打车到火车站。走中山路过昭阳路，只要50元，司机却要我走南京路过集贤路。这明显要多走4千米，我有些不愿意，但他说也只收50元，我就同意了。到了站，我有些不解：时间是缩短了近三十分钟，但是他却多烧了4千米的油，这不赔本吗？他笑着说："多花4千米的油钱，不为你多争取了30分钟时间吗？我也没吃亏，也节省了我的时间成本，我也合算不是？"

打车的时候，我们都喜欢抄近路，节约时间；而司机都喜欢绕远路，多挣些钱；这都是人之常情。但是，当我们真的设身处地为人着想的时候，我们就应该像这位司机一样——方便

了他人，快乐了自己，不是更好吗？

前几天，在《中国青年报》上看了一篇报道，心里很是感动。故事并不复杂：1月3日的傍晚，90后女青年朱明月的红色“POLO”汽车被70岁杨智全老大爷满载废品的破三轮车划了。新车上一道划痕从后保险杠一直延伸到后倒车镜。朱明月打了个电话给4S店，得知修车要500元。看到大爷长满冻疮的手，她同意了只赔400元的请求。大爷刚离开去借钱，她忽然心里有些不踏实，万一他一去不回怎么办？当大爷急匆匆地攥着厚厚一沓零钱跑来，她为自己的猜忌感到惭愧。看着大爷费力地蹬车离开，望着手里一把零钱，她突然觉得这钱不能拿——自己平时一顿饭就是几百元，而这些钱是大爷东拼西凑来的。她赶紧追上了大爷，把400元钱还给了他。

想到老人那间不足7平方米的小屋，全部家当只有一台炉子，一张床，一个橱柜，她就把老人诚实守信的事发到了朋友圈里。几位朋友又在第二天给老人捐了1000元。7日，一家公益机构以爱心和诚信为主题词，奖给了老人5000元。日前，以他们的故事为题材的《划痕》已经开机，将于年底上映。

车被划了，赔偿理所应当，但是朱明月却主动退还赔偿，并主动帮助老人。这虽然只是一念小善，但是却温暖了整个城市，并将感动更多的人。这一善之念，谁还能说它小呢？

孔子说：“我欲仁，斯仁至矣。”仁不在别处，就在我们每个人的心里。一念之善人人有，但是能不能做到却是彰显品格的标尺。很多时候，我们因脚步太匆匆，因名利太盛，让它蒙上了灰尘，而忽略了它。其实，善行就在寻常之中，因为善行出自善念，它是一个人自我修养的体现，是不需要别人去承认的。我们只有把一念之善付之于行动，善念的凤凰才能找到它栖息的梧桐树，我们的灵魂才能得到安宁。

善良是一束光，照亮世界的一角。与其抱怨身处黑暗，不如提灯前行，用善良温暖前行的你我。

人生悟语

举手投足间的一个善意举动，烛光一样照不出多远。但我们每个人都不应该忽视这小小的善意里裹藏的能量。这善意是不能让世界侧目，但对某棵树、某个人而言，他感受到了光明和温暖，这不就是它的价值吗？

生活以痛吻我，我必报之以歌

早晨，遇到王大妈。六十多岁的她很会享受生活。每天出门定要化个淡妆，梳一个别致的发髻，然后才满面含笑地出门。到了街上，她定会到仙客居那个临水的窗前，吃早点看风景。然后，才到小食店开始一天的生活。

看着她这样的知性、悠闲，有人会以为她的生活是安逸而富足的。殊不知，轻松之下是那千疮百孔的生活。儿子窝在家里，不愿工作。丈夫嗜赌如命，十多年前因为赌博被人打破了脾，虽然保住了命，但是行动不便。她就成了这个家中的顶梁柱，开着一个小食店过活。丈夫心有不甘，又做起小生意，还真赚了不少钱。生活好起来，她也渐渐走出了奔命般的生活。可是那天，当丈夫被人抬进门时，她才知道丈夫又迷上了赌博。而这次，丈夫的腿被人打折了。

望着不争气的儿子、撑着拐的丈夫，她想一走了之，但是她还是选择了留下。她学会了与生活和解，在生活中寻找那份属于自己的生活。她不仅在早晨这样优雅地生活，即便是晚上，她也从不把店开到很晚——尽管那时生意较好，她说更好的是有自己的生活。这时，她会换上一身裙装，跑到街上跳广场舞，或者和几个小姐妹快步走路，谈心聊天。

爱与恨，笑与泪，这都是生活。我们每天都在和生活谈判，与生活斗争，这是每个人都不能逃避的现实。生活从来都是不可预知的，虽然有时我们能看到它的未来，但是更多的时候，它总是云遮雾罩的，让我们看不明白。面对生活，我们总是期望着美满的结果，而生活却从不会给我们任何承诺。而一旦冲突产生，打击来临，我们往往手足无措，陷入一种迷茫和无助之中。其实，这主要是不可预期的期望模糊了我们的视线，让我们看不清前行的路而产生了错觉。如果我们放下那不切实际的包袱，脚踏实地地生活，不去在意明天，反而会过得更轻松，更快乐。

世界本身就是不平静的。怀才也会不遇人，恋爱也有不圆满，说话大声会刺耳，做事着急会碍脚……即使你满意了，也可能招来反对声。阳光有照不到的角落，河水有流不进的田地。“人生不如意事十有八九”，不满意是一种常态，这就是生活。

其实，生活对每个人都是一视同仁的，而你的生活怎样也完全取决于你的生活态度。而学会与生活和解，可以说是人生的大智慧。记得曾经看到过这样一个故事：一个高官的太太跑到寺庙里去乞求菩萨保佑她的丈夫。看到一个快乐的小和尚衣不蔽体，她心生怜悯。而小和尚看到衣着华丽的她愁眉深锁，他为她悲叹。那位太太虽然生活优裕，但是心有牵绊、重负，常处恐惧之中；小和尚虽然贫穷，但是心灵纯净、自由，他很快乐。

生活就是这样，光与影总是相伴相生的，当你面对阳光的时候，它给你的就是微笑；当你背对阳光的时候，它给你的就是痛苦。生活中，我们只有学会与生活抗争，才能够把自己的理想生活目标调适到最可行的状态。就像王大妈一样，虽然生活给了她许多的磨难和痛苦，但是她却不曾放弃，找到了属于自己的那份快乐和幸福。

生活以痛吻我，我必报之以歌。

人生悟语

生活中，我们无法改变现实，但是我们可以改变自己。让生活随着自己的节拍跳动，让生活在自己的把握中运行，虽然这样的生活少了诗意和激情，但是这样一种清晰而明亮的生活，不也能够丰富美好的时光吗？

你会扫落叶吗

你会扫落叶吗？你这问题不幼稚吗？小刚对我突然提出这个问题感到有些疑惑，他不知道我想要对他说些什么。

今天，我终于在省城买了一套70平方米的房子。看着这套属于自己的房子，我感到很是开心。但是小刚却给我泼了一盆冷水："你怎么买这样的房子？70平方米，这么小，怎么住呀，你父母就不来了吗？房子格局差，还照不到阳光。"他说的这些都是事实，但是我却并不在意。看到他不明白我为什么要坚持买这套房子，我就抛出了开篇的那个问题。

其实，这是一个小故事：一个小和尚，每天早起清扫寺院里的落叶。这是一件苦差事。你想想，秋冬时节，风霜冰雪，你还得立在其中去扫落叶。为了扫落叶，小和尚每天早晨都要花费很长的时间，他感到很是痛苦。一天，他想，要是能在第一天把树叶摇落，那第二天不就不用再扫落叶了吗？说干就干，他使劲地摇着树干，直到看不见一片叶子落下来，他才满意地回了屋。但是，第二天，院子里还是一地的树叶。一位老和尚走了过来，说：“傻孩子，叶落得等到它成熟，我们只有等待。你无论怎么用力，也不可能把明天的落叶摇下来啊！”

这故事不是说，我们做事情必须要学会等待，不能急于求成吗？这和你买房子有什么关系呢？小刚还是不解。

那就让我讲讲我的故事吧。我出身农村，当初刚进城的时候，我是上无片瓦，下无寸土。我四处漂泊，寻觅着能让自己扎根的地方。在那段日子里，我经常拖着疲惫孤寂的身影，在这个城市的万家灯火里踯躅。

一个冬夜，我又冷又饿，坐在一个背风的街角望着空洞的天空发呆。街对面，一个卖红薯的老人也正搓着手雕塑一般坐在火炉前。我跑了过去，买了一个热热的红薯，急急地咬了一口，烫得我龇牙咧嘴。“慢点，慢点，心急吃不了热豆腐。”

也许是看到我冷得发抖吧，他拉开了炉膛，一股热流顿时扑到了我的身上。“你是外乡人吧？”他的一句话，我的眼睛就罩上了一层雾，“我也是外乡人。”

老人跟我说了他自己怎么在八十年代来的省城，怎么在苦难中拉板车求生活，怎么娶的媳妇，怎么买的房子……他的哪一步坚实的脚印不是我今天生活的写照呢？或许他看到我和他很投缘吧，就给我讲了他的故事。临了，他还告诉我，世上的事从来不会预先到达，我们只要一步一步地走，总有一天能到达我们想要去的地方。这其中最重要的是，我们不管遇到什么，一定要坦然面对。人生没有过不去的坎，只要你在路上。

青山遮不住，毕竟东流去。该发生的，你挡也挡不了，不该发生的你再努力也没用。乐在今天，活在当下，这才是最真实的人生态度，我们有什么必要为难自己呢？

人生悟语

心急吃不了热豆腐，爱因斯坦说：“耐心和恒心是会得到回报的。”一个不会做小事的人，也做不出大事来。耐心不仅磨砺一个人的意志，也是在磨炼和提升他的能力。因此，培根说：无论何人，若是失去耐心，就是失去灵魂。

低处生活的幸福

岁月如刀，刀刀催人老。岁月无情地摧折着梦想，每天，面对着平淡如水的生活，激不起多少的生活热情。独坐窗前，被一种悲情的思绪笼罩周身，忽然对自己的人生感到一种从未有过的迷惘和苦闷，心再也不能静下来，索性带上鱼竿和朋友大刚到水库里去钓鱼。

水库在一个山坳里，四周绿树环抱，山上百鸟欢唱，是一处世外桃源般的地方。看水库的是一个六十多岁的老者。他虽然皮肤黝黑，满身泥浆，但是精神矍铄，声若洪钟。在他那个世界里，他走起路来就是我们年轻人都要小跑着才能跟上。从闲聊中，我们得知，老人是西山人，因为儿子在做砖工活时，摔折了腿，他才撇下一家人来这里帮人养鱼。这也是一个不幸的家庭，我暗叹。

午饭时候，我拉他和我们一起吃饭，他谢绝了。我们吃着饭，他从房里提出一壶散酒，倒了一碗，喝得满面红光，还用手在大腿上打着拍子醉眼蒙眬地唱起了《定军山》。一拍一和，一唱一叹，那陶醉的神态，那满足的样子，恐怕只有这纯净清澈的泉水才能涵养出如此明净纯粹的愉悦吧。

一个孤单的老人，远离了亲人故土，在一片贫瘠的山坳里，除了清风就是明月，但是他却能在简单里寻找到属于自己的快乐，获得一种心灵上的满足，这是谁能有的幸福表情呢？

我有些羡慕起老人来了。

“这也羡慕，那你不更应该羡慕我吗？”“你——”我有些不解地望着大刚。大刚原来是一家医药公司的业务经理，后来因为得了胃癌，做了手术，不能再跑业务，不得不做了培训师。这一上一下，工资差了一大截呢？还说什么幸福。

“以前跑业务的时候，是很风光，但那是用身体在拼啊。每天像陀螺一样，不到半夜回不了家。这样的生活，家成了旅社，哪里还能体会到家的味道呢？为了和自己的身份相称，我必须穿名牌，开高档轿车，买高档公寓。就是一个面子，我每个月就要背负上万元的贷款压力。每天被钱驱赶着，和一头饿狼有什么区别呢？我的身体不就是这样拼垮的吗？

“现在，工资是低了，但是生活却充实了。我回家能够接女儿放学，能够陪妻子散步，能够给他们做一桌丰盛的晚餐……更重要的是，妻子生病了，我能陪在身边；女儿受委屈了，我能听她倾诉。这样的生活是我以前不能想象的，但是现在我很是享受，尽管每天要计算生活的成本。

“人生在世，回过头想想，不是你得到了什么，而是你错过了什么。今天，我以为，一家人过得好不好，开不开心是最重要的，它和钱没有关系，你说呢？”

看看大刚，望望老人，我恍然发现自己并没有那么悲剧，也是幸福的。我身体健康，家人团聚，工作稳定，生活安逸，我还有什么感到不满足的呢？有人说，生活就是一杯白开水，放点盐，它就是咸的；放点糖，它就是甜的。现在想想，幸福真的就是一种感觉，一种心情呢。

屠格涅夫说：“幸福没有明天，也没有昨天，它不怀念过去，也不向往未来，它只有现在。”我们在追求幸福的过程中，没有必要去眺望幸福，去贪求幸福，因为它离我们并不遥远。只要你愿意低下头，弯下腰去寻找，它就在当下，就在你的脚边——寻常的灯火，世俗的生活，每一个生活的低处，哪里没有幸福的笑脸在绽放呢？

幸福的生活，它始终在低处。不信，你低下头瞧瞧。

人生悟语

一杯清水可以品出幸福的味道。低处的生活虽然没有高处那么风光，但只要你有梦想、有事业，用心去追逐，那么你就会充实快乐。其实，生活里的汗水、泪水都是一种必然的存在，笑纳它，你能咀嚼出更多的甜。

用对地方才真聪明

前几天，在《纽约每日新闻》上看到一篇报道：25岁的普渡大学中国留学生孙超然因为多次入侵教授的电脑并篡改成绩而被判入狱4年。本来已经进入波士顿大学读研的他，就是因为自己的“小聪明”断送了前程。

一个学工程学的学生能破译教授的电脑，并且成功地修改自己的成绩，不能说他不聪明。如果他能够把聪明用在自己的专业上，也许他就能成为栋梁之材。于公，可以为国出力，于私，可以光耀门楣，这是多么完美的一件事。但是现实却是让他颜面扫尽，身陷囹圄，父母终日以泪洗面。这是多么鲜明的对比呀。

记得有这样一个小故事：曾国藩小时候，有一次深夜读书，一个小偷钻进了他家院子，躲在屋檐下，想等他睡着了再行窃。但是，曾国藩却把一篇小文章翻来覆去地背诵个没完没了。小偷实在不耐烦了，走进屋里冲着曾国藩说：“一篇小文章一晚上背不会，你这种水平还读书？”小偷抢过书来一看，书上写着："你很聪明，至少比我聪明，但是你却只能成为贼。很多人不成功并不是比别人笨，只是把聪明用错了地方。"小偷看完，灰溜溜地逃走了。

一般而言，聪明是成就一番事业的重要条件，但是它却也是一把双刃剑，并不是聪明就能成就事业。一个人如果只有聪明的大脑，却没有正确的前进方向，等待他们的往往是毁灭和死亡。

聪明反被聪明误，这是我们常说的一句话。故事里的小偷没有受到惩罚，或许没有多少的感受，但是孙超然应该是有着切肤之痛的吧。

《红楼梦》中的王熙凤口齿伶俐，精明干练，八面玲珑，贾府有谁不说她好呢？但是，她却把聪明全用在满足个人贪欲

上，以权谋私，盘剥众人，甚至为了私欲，杀人不眨眼。结果呢，她的聪明不但毁了自己，也葬送了贾府。

一个那么绝顶聪明的人，却落得个凄惨的结局，谁看了不扼腕长叹呢？但是，回过头来想想，她的罪孽不都是她自己的“聪明”埋下的果吗？

现在提起一代文豪大仲马，人们都会怀着敬仰之情去盛赞他的聪明智慧和他的作品。但是谁又知道，在他未成名之前，他却是一个靠编故事来博取他人同情心的乞丐呢？

“很多人不成功并不是比别人笨，只是把聪明用错了地方。”要想成功就要把聪明用对地方，这关系着个人的前途及一生的命运，这是每一个聪明人都应该时刻铭记的！

人生悟语

聪明是把双刃剑，只有用对地方才能发挥出无穷的力量；反之，不仅不能成就自己，还会毁掉自己甚至一个家庭。

你也能温暖一座城

夜雨中，一位老人骑着自行车载着一个孩子，而孩子奋力地伸长胳膊，把手中的伞撑在老人的头顶。当这幅图片出现在网络上的时候，拍摄者给它加上了一句话：孩子，你撑起的伞也许挡不了风雨，却足以融化这座城市里的每一个人。一张日常生活的照片，在短时间内被疯狂转发，温暖了冷雨中的南京人。

有人会说，只是把伞撑在爷爷的头顶，这也值得感动吗？许多人习惯了以冷漠和麻木面对生活，似乎什么都不再能激起心底的涟漪了。这样的一种逻辑思维，往往像雾霾一样罩在他们的心头，使他们失去了本来就有的热血和良知。它使他们不但看不到美好，也不愿意为美好伸出一双手。一个人没有了感动的情怀，没有了美好的追求，那么他还能有什么值得热爱和留恋的呢？这是很让人怀疑的。

只要我们心存善良，心有善念，我们不但能看到世界的美好，还能在传递美好中收获更多的美好。我们每一个人就像一

颗星星，只要我们愿意发光，那么它就能照亮世界的一隅。换言之，只要你愿意，你就能照亮一座城，就像冬雨中的那个小女孩一样。

前两天的一个深夜，20岁女孩小何打车从单位回家。下车之后，因为到住处还有一百多米的漆黑的夜路，她两腿打哆嗦，但是出租车司机的一句话却让她安下心来——我的车先不开走，等你走到小区院子里我再离开。这看似不足挂齿的小事，在小何发到微博上后，被众多网友点赞，称出租车司机为“中国好司机”。

这个司机做的也只是举手之劳，在一般的认识里，是没有多少招摇的必要的。这一点我也赞成，但是我们不要忘记了“勿以小善而不为”的古训——没有小善的积累，哪来大善呢？普通人对价值观的坚守，对良心的呵护，向来把这些事当作自己应该做的事情，是从来不闻也不问是不是有回报的——人之所以为人就是因为他有理性，有良知，有担当，乐奉献。

这让我想起一部以真实故事为背景的由中、美、意、韩的国际电影大师拍摄的微电影《爱·郑州》。2013年1月身患骨肉瘤的面馆老板李刚在网上发出怯生生求助："来店里吃碗面吧，帮帮我的妻子！" 一条网上求助掀起了郑州乃至全国的爱心接力，甚至是央视、人民日报都报道了这个"一碗面温暖一座城"的传奇故事。这故事里的人做了什么大事了吗？没有。吃一碗面就能引起世界的关注，这并不夸张，当你想到许许多多的普通人形成一股洪流的时候，你能感受到扑面而来的是热情，是温暖。

温暖来源于生活的每一个细节：一声问候，一句叮咛，一次嘱托，一个祝福……给长辈撑伞，给陌生人照亮，帮人吃一碗面，这些被我们忽略的日常小善都能温暖一座城。

人生悟语

朋友，不要再冷漠，不要再怀疑，绽开笑颜，伸出手去，那么你也能收获温暖一座城的美好。

同情，请小心使用

晚上，妻子一进家门脸色就特别难看。问她摆脸色给谁看，她却对我吼了起来。看着她那样不依不饶的，索性懒得理会。她似乎又有些愤愤不平起来，连珠炮似的一顿抖落。

原来是因为对门的张家奶奶。妻子上午从单位回来，在县医院门口碰到张家奶奶在那里走走停停，停停走走的。因为知道她患有老年痴呆症，经常找不到回家的路，妻子就牵着老人的手走到了楼下，把她交给了她的儿媳妇小薇。哪知道，下午碰到小薇，却听到她说，她妈妈回到家就放声痛哭，哭了整整一个中午。问为什么？却是老人家嘟囔着自己活到这个地步，活着还有什么意思，还不如死了算了。妻子本来以为自己做了件好事，没想到好心却办了坏事。她那么好强的一个人，被人这么一说心里那个窝火呀。

看着妻子愤愤不平，我突然想起了一个故事。说是有一只猴子不小心被树枝戳伤了胸口，于是它捂着伤口摇摇晃晃地回家。一路上，那些碰到它的猴子为了表示关心，都会翻开它的伤口看看。如此反反复复，本来小小的伤口变得越来越大，以致化脓感染，最终夺走了它的生命。

这猴子也太蠢了，那么点小事值得这么大惊小怪吗？妻子显然不相信我的话。

很多时候，看见别人痛苦总想表达自己的同情。其实，大可不必。活着，谁没有痛苦？痛苦并不是一件值得炫耀的事情，每一个经历痛苦的人，都期望能够稀释痛苦，将它承担下来，并最终走出痛苦的渊薮。故事中小猴子的遭遇就跟大多数人遭遇的情形一样。虽然受了伤，也不至于死，可是面对其他猴子的同情，它却无法直接回绝它们的好意，结果反而被过度的同情戕害了。

"还真是这样啊，我当时要是装着路过就好了。"妻子若有所悟。

其实，我们总以为同情是一种善意的表达。殊不知，有时候我们的同情却使问题变得更严重，甚至不可收拾。记得前些日子，一个电器维修店的老板娘王娟被人毒打和强奸了一个多小时，而懦弱胆小的丈夫在咫尺之间却不敢救助自己的妻子。无论是谁遇到这样的事情，应该是身心俱焚了。而媒体为了表达正义轮番上阵。本来媒体关注，是对他们的同情和声援，是应该值得肯定的一件事情。可是结果呢？却使得王娟不断地揭开伤口，使她的耻辱被无限放大，以致她近乎精神失常，呼天抢地，以头撞墙，甚至试图割腕自杀。

这里，媒体所表现出来的同情，其实更是一种傲慢，一种歧视，甚至是一种侮辱。为什么呢？同情一个人，你首先要尊重他。因为同情不是高高在上的施舍，也不是自以为是的说教，而是把对方看作和你一样“正常”的人，不要去触及他们的“伤口”。其次，尊重和保护对方还要学会选用恰当的方式方法。如果采取的方式不当，你的关心就会变成撕开他人伤疤的尖刀；如果采取的方法不当，你的善待也会被曲解成别有用心。

一个真正善良的人，他是不会对着赤身裸体的人追问“你的衣裳在哪里”，他也不会对着无家可归者叫嚷“你的房子在哪里”。当你的帮助入心入肺，让人如沐春风的时候，他们才会打开紧闭的心扉。这时，你的同情才是真正的同情。否则，我们只能遗憾地说，你的同情就是伤害，就是刺入对方胸口的一把尖刀。所以，同情，请小心使用。

人生悟语

当我们高奏着同情的喇叭，一任感情泛滥的时候，请先想想自己的表达方式对方是否能够接受。如果同情也算是一件礼物的话，就算你慷慨愿意赠送，别人也有权利拒绝接受。

心存善意，终将成就美好

一位环卫老伯每天下午都会到永嘉县建新路新华书店去看书。每次，他都会把衣服拍了又拍，把手洗了又洗，把自己收拾干净了才进店。找到书，他就站在书店的一角，安静地看。

最近，环卫老伯在书店看书的照片在微博上被疯狂转发，赢得了网友的广泛关注和点赞。有网友呼吁：放下手机，拿起书本，做一个热爱读书的人；甚至有网友找上门去慰问老人，表达对老人的敬意。

看着老人读书的画面，我想每个人都会有所感触——白发苍苍的老者，在繁忙的工作间隙还不忘读书。而且他每次进店都要把自己收拾利落了，连脱下的鞋子也是整齐地摆放着。为他人着想，不影响他人，这不更能看出老人的修养吗？

生活的细节更能真实地透视一个人的内心。而我们做的每件事都是展示给他人的名片。它虽然没有名片那么直接简单，却更真实细腻，更能把你的品质、修养、人格暴露在人前。

有些人总喜欢埋怨时运不济，命运不公。很多时候，不如

意并不是他人造成的，而是我们做事时就已经埋下了伏笔。如果我们认真地对待每件事，把每件事都努力做到完美，无愧于心，这就等于亮出了自己的名片。你要相信周围人的判断力。你以为他人看不见，其实他们早已给你打出了分。

一天下大雨，汪涵和他的助手去外地参加活动。在路上，汪涵看到一个残疾人坐在轮椅上正打算横穿马路。他赶紧让助手停车，他拿出雨伞，飞快地跑到残疾人身边。那位残疾人认出了汪涵，开心地说着感谢的话。经过交流，汪涵得知年轻人是一个孤儿，经过自学获得大学文凭。这天，他出门找工作，不料遇到大雨。

汪涵只是鼓励他，有付出就有回报，其他的什么也没有说。但是，回到车上，他立即让助手记下年轻人的电话号码，并给他联系了一家单位去工作。助手疑惑地问：“为什么不当面告诉他？”汪涵说：“年轻人那么坚强、有自尊，要是我当面说要帮他，他一定会以为我在可怜他而拒绝。每一个有自尊的人，都会通过自己的努力获得成功。”

汪涵应该是一个成功人士了，他为什么还能那么体察他人呢？他在《有味》里的一句话或许能回答这个问题——因懂得而谦虚，因明白而狂妄。一个连陌生人的喜怒哀乐都能记挂于心，还能设身处地地为他着想，你说他还会不成功吗？还能不赢得人们的赞誉吗？

我们做的每件事，都是我们的一张名片，无论你到了哪里，它都会跟到哪里。它不会随着时间而改变，但我们却有意无意地忽略了它的存在而做出让人不能理解的事，尤其是那些自以为取得了傲人的成绩而忘乎所以的人。

人生悟语

你做的每件事都是你的名片。当你无论在人前还是人后，都能坚守做人准则，你就离成功不远了。而如果你口不应心，当面一套背后一套，你就是再优秀也会被人鄙视、唾弃。你所做的每件事必有回报，心存善意，终将成就美好。

别让优势成了你的绊马索

近日读报，看到一个故事：二战时期，雷恩在一次战斗中被盟军俘虏。盟军知道他是纳粹德国赫赫有名的潜艇专家，掌握着新型潜艇的核心技术。盟军想要从他的口中找到德国的潜艇情报，但是他却始终不开口。后来，盟军了解到他工作中的一个习惯：那就是绝不容许出错。于是，盟军就给他下了一个圈套：每天审讯雷恩，都让他经过一间正在讲有关潜艇知识的教室。开始一两天，他只在窗口停一下，摇摇头。第三天，他就冲进教室，和那个错误百出的“教授”争辩起来。他不但唾沫横飞，还拿起粉笔在黑板上又写又画。盟军因此拿到了德国潜艇的绝密情报。

雷恩怎么说也算条汉子，因为不管盟军怎么审，他始终只字不露。但，他的堡垒怎么就被盟军轻易地攻破了呢？不是盟军有多聪明，而是雷恩自作聪明，栽在了自己的优势上。

一个人拥有他人所没有的优势，比他人更容易成功，这是一个普遍的道理。而往往有些人，不被优势所助，反被优势所困。这是为什么呢？因为他们不懂得审时度势地运用优势，不知道怎样把优势发挥得恰到好处。

我的一位同事到省城去应聘教师。第一轮笔试，他拿到了第一名，比第二名高出6分。第二轮是说课。说课，正常情况下，分值相差不超过5分，而且他拿过省说课比赛的第一名。按理，他进省城是铁板钉钉的事。但是最后，他竟折在了说课上。别人说课都是5分钟，不知为何，他突然精神亢奋，一说就是三十多分钟。打分一出来，他傻了眼，他和第二名整整相差了8分。后来，多方打听，他才知道就是因为他不顾评委的感受，不问考试规则，才被评委一笔打回了家。

说课在省里都挂得上名，这是他人无法企及的优势，怎么就折戟在说课上呢？其实，就是因为这样的优越感让他自以为是，麻痹大意——不问规则，不看评委，才把这个绝好的机会错过了。俗语说：河里淹死的都是会水的。这个俗语讲的大概就是他这一类人吧。

没有合理运用优势，我的同事失去了进省城的机会，这多少让人感到遗憾，但是，你知道吗，还有人因此失去了性命呢？这个人就是杨修。

杨修凭着自己的聪明才智，恃才傲物，狂放不羁。他能开曹操的玩笑，在没有得到应许的情况下，分食一盒酥；他能在曹操杀了近侍，无人知晓之时，毫不避讳点破曹操的隐衷；他能在曹操只说了一句“鸡肋”，就猜中曹操退兵的打算，立即做归计……他什么都能看到，但是他就是看不透自己，最后被曹操斩杀在辕门之外。

杨修的聪明是无须多做解说的，但是他为什么被斩杀了呢？我想，就是聪明反被聪明误。总以为自己天下无双，把谁都不放在眼里，把谁都不当作一个平等的人来看待。这样的一种待人处世之道，谁能受得了呢？什么时候，什么境地，都不考虑他人的感受，任性而为，谁能放得下他？我想，如果不是曹操，就是换成刘备，他恐怕也难逃一死的劫数吧。

优势是我们人生的凭借——我们可以凭借它安身立命，成就事业。这是优势得到充分发挥的最佳效应。但是，如果我们在认识和心态上存在误区，仰仗着优势而盲目自信、掉以轻心，那么它不但不能给我们的发展带来助益，反而可能演化为劣势，成为阻碍和迟滞我们事业发展的绊马索。因为，所有的优势都是相对的，它和劣势是可以相互转化的；并且你的优势别人通过努力也能获得，不是吗？

人生悟语

人都喜欢以优点为傲。其实，优点和弱点在某种情况下是会相互转化的。即便你有优点，也应该善待它，不能盲目自信、自以为是。否则，你就会进入盲区，让你的优势成了绊马索。

节制是生命的一场修行

尼日利亚北部的丘陵地带生长着一种长寿草。这种草根茎坚韧，叶子像松柏一样终年不枯。每过一年，它的根茎上就会长出一个茎节。它能活一百多年，长到十五六米高，许多灌木都淹没在它的汪洋里。

一棵草活一百年，这还是草吗？草，一般是一岁一枯荣；而它常绿一百年，为什么呢？一位专家经长期研究发现：所有的长寿草都只有 8 片叶子，而且始终是 8 片。长寿草在长高的过程中会不断地长出新叶，但每长出一片新叶，就必定有一片老叶凋谢；有时拔节之后，不发新叶，原有的叶片却变大……总之，它始终保持着 8 片叶子的规模。以此为突破口，科学家们解开了它长寿的秘密：它有一种自我调节的机制。当它的叶片超过 8 片时，老叶就自动让位于新叶，使叶片和身高始终处于最佳组合状态。也就是说，长寿草之所以长寿，是因为它在生长的过程中没有像其他的草那样一遇到春天就耗尽心力地疯狂生长，而是固守着生长的根本，节制着自己的欲望，按照自己的节奏生长。

蒙田说，不节制是享乐的瘟疫。不节制的行为在生活中比比皆是：贪污腐化、追求奢华、大肆挥霍……其实，这些东西都不是好运的种子，它们控制我们的欲望，迷失我们的人生，带给我们的只有精神的贫乏、理想的堕落。

一个人要想做成一件事，除了拥有积极、乐观的心态，最重要的就是要节制欲望。《圣经》有言："上帝给了你们的天命，你们不要荒废了它；他给你们建立了法度，你们不要超越它；他禁止你们许多事项，你们不要触犯它；他有意对某些事物保持沉默，你们不要花费精力去探求它。"这法度就是节制欲望，有了它，你就不会被欲望的洪水淹没，心灵也会变得宁静。心静了，我们就知道什么是该做的，什么是不该做的。

一天，梁实秋和朋友一起吃饭。熏鱼端来了，他不吃；冰糖肘子上来了，他不吃；什锦炒饭上来了，他还不吃；最后八宝饭来了，他大快朵颐。朋友提醒他，里面有糖有淀粉。他笑道："我知道。我前面不吃，就是为了后面吃啊。我血糖高，得忌口，所以必须节制着、计划着，把那'配额'留给最爱。"

我们做事就应该像梁实秋那样节制欲望，把心思集中在最有价值的事上。这样，才能获得最大的快乐，成就最好的人生。富兰克林为什么把节制放在人生信条的第一位，原因就在于他懂得节制在人格完善中的重要作用。巴菲特的成就举世瞩目，但是你知道吗，他除了关注商业活动，对其他的一切如艺术、文学、科学、旅行、建筑等几乎充耳不闻。正是因为他恰如其分地节制自己，才成了一个所向披靡的人。

人生悟语

老子曾说：见欲而止为德。葛拉西安也说：内心的平和节制是明慎处世的关键。一个人只有懂得敬畏、懂得节制，才能管理自己，修养品德，才能养成独立自主的性格，才能赢得人生的辉煌。因此说：节制是生命的一场修行。

青春里，
我们用梦想雕刻时光

文字编辑：白海波
美术编辑：张鹤飞　刘晓东
插图绘制：朝禾动漫
特邀审校：慧眼校对